临夏花椒栽培技术

LINXIA HUAJIAO ZAIPEI JISHU

主编　张兴萍　黄瑞林

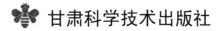

甘肃科学技术出版社

甘肃·兰州

图书在版编目（CIP）数据

临夏花椒栽培技术 / 张兴萍，黄瑞林主编. —— 兰州：
甘肃科学技术出版社，2023.12
ISBN 978-7-5424-3165-3

Ⅰ. ①临… Ⅱ. ①张… ②黄… Ⅲ. ①花椒 - 栽培技
术 - 临夏回族自治州 Ⅳ. ①S573

中国国家版本馆CIP数据核字（2024）第006613号

临夏花椒栽培技术

张兴萍　黄瑞林　主编

责任编辑　刘　钊

封面设计　孙顺利　张凯庆

出　版　甘肃科学技术出版社
社　址　兰州市城关区曹家巷 1 号　　　730030
电　话　0931-2131570（编辑部）　　　0931-8773237（发行部）

发　行　甘肃科学技术出版社　　　印　刷　兰州鑫泰印刷有限公司
开　本　710 毫米×1020 毫米　1/16　印　张　14.5　插　页　2　字　数　170 千
版　次　2024 年 5 月第 1 版
印　次　2024 年 5 月第 1 版印刷
印　数　1~200
书　号　ISBN 978-7-5424-3165-3　　　定　价　39.00 元

编 委 会

前　言

　　花椒是中国特有的、栽培和应用历史悠久、综合利用价值极高的重要食用调味料、香料、油料和药材等多用途植物。主要分布于四川、甘肃、陕西、河北、山东等地。

　　花椒极适合于山地、丘陵、梯田及庭院栽培，具有易栽培、好管理、结果早、价值高的特点，不仅是绿化山坡和发展庭院经济的好树种，更是椒农们的摇钱树。

　　甘肃临夏中北部地区是花椒的适生区，主要包括刘家峡水库毗邻的临夏县、永靖县、积石山县、东乡县，截至目前，栽培面积达 88.42 万亩。近 20 多年，随着退耕还林工程的实施，花椒栽培规模逐年扩大，花椒收入在农民总收入中所占的比例也越来越大，已成为临夏中北部地区发展农村经济的支柱产业。

　　多年来，人们在生产实践中，总结了许多花椒栽培的成功经验，也开展了许多试验研究和实用技术推广，提高了花椒的栽培管理水平，产生了一定的经济效益、社会效益和生态效益。

　　为了不断提高花椒栽培的科学技术含量，农林技术人员把多年来的研究成果和农民生产经验总结成册，全面推进花椒栽培生产的合理化、科学化、规范化，为临夏花椒产业健康可持续发展提供了一整套技术参考资料。

　　针对临夏花椒生产实际，对花椒栽培技术做了全面地系统性地叙述，内容大致分为四个方面：一是从花椒实生苗繁育和嫁接苗繁育技术做了详细阐述。二是对花椒栽培和建园技术做了科学论述。三是对花椒园水肥管理及冻害预防等技术做了多方面的介绍。四是对临夏花椒产区普遍发生的病虫鼠兔害等分别做了诠释。作为新型职业农民培训的教材，本书对从事花椒栽培生产人员是不可多得的资料，对从事花椒栽培的研究人员也具有一定的参考作用。虽然编者为本书的编撰尽心竭力，付出了大量的劳动，但因花椒生产技术日新月异，加之水平有限、资料局限、时间仓促，书中的局限、不足，甚至错误在所难免，借此欢迎各位不吝批评指正！遗憾的是，花椒机械化采摘技术至今未能成熟，那就且以本书抛砖引玉，期待这项技术早日成功，以解决椒农的采摘之苦，提高采摘效率，保护椒农生产安全，也期望花椒栽培技术日臻完善。

本书在编写过程中得到了专家学者、同行、前辈、生产一线技术人员和广大椒农们的鼎力支持，在此一并表示最诚挚的感谢！本书的第一章由张兴萍编写，并完成审稿、统筹组织该书的出版等工作；本书的第二章、第三章、第四章、第五章、第六章、第七章、第八章和第九章及附录等内容由黄瑞林编写并最后统稿。真诚恳请各位读者批评指正，共同为省内外花椒产业尽一份力量！

编　者
2023 年 6 月 2 日

目　　录

概　　述

花椒是中国特有的食用辛香料之一。花椒种子的含油量达7.8%～19.5%，出油率高，又可作油漆、肥皂、润滑油的原料。花椒的根、茎、叶、果皮、种子均可入药，其提取物还可作生物农药，用于防治菜青虫。果皮含芳香油4%～9%，是调味佳品，还可作食品添加剂。花椒由于风味独特而深受人们喜爱，可作为一种生食药理和工业兼用型树种生产栽培。花椒具有抗旱、耐寒、耐瘠薄、适应性强、结果早、易管护等特点。花椒在甘肃省东部、南部农业区的黄河、渭水、洮河、湟水河谷地和陇南地区的温暖地带，已有几千年的栽培历史。调查发现，在临夏州的和政县、康乐县等高寒阴湿区，接近海拔2500m的区域，有个别农户栽植的花椒树亦能正常结果，并供农民自产自用，说明个别花椒品种具有较强的耐寒性。花椒为浅根性树种，对土壤要求不严，一般pH值在6.5～8.0范围内都能种植，但以pH值在7.0～7.5的范围内生长最好，花椒耐寒，年均气温为8℃～10℃的地区均能栽培。花椒喜光照，一般要求年日照时数不少于1800h。散生花椒树多在农户庄廓周围及具有小气候的退耕地内栽植，其根系耐水性差，低洼易涝地不宜种植。

花椒（*Zanthoxylum bungeanum* Maxim.）系芸香科（Rutaceae）花椒属（*Zanthoxylum* Linn.）植物，落叶小乔木或

灌木状，树干和枝条常具有扁平状皮刺；叶互生，为奇数羽状复叶，小叶 5～13 片，其形为卵形、椭圆形，长 1.5～7cm，宽 0.8～3cm，叶缘有锯齿，上面光滑无皮刺，下面中脉常有小皮刺。单性花，聚伞圆锥花序，雄花具雄蕊 4～8 个，雌花具心皮 3～6 个；蓇葖果 2～3 个，红色，种子黑色，圆形、卵圆形或扁圆形，直径约 3.5mm。花期 5 月，果期 8～9 月。花椒是重要的经济——生态兼用树种，其果、种子、叶、枝干均有很多用途，果皮富含麻味素和芳香油，是城乡人民生活重要的调味品；此外还含有挥发油、植物甾醇、不饱和有机酸等，在医学方面具有温中散寒、除湿止痛、杀虫、解鱼腥毒等作用，常作为中药用于治疗积食停饮、心腹冷痛、呕吐、泄泻、痢疾、齿痛、蛔虫等疾病，是重要的中药材。花椒种子含油率 25～30%，出油率 22～25%，种子榨油可作为食用油，花椒油属干性油，是制油漆、肥皂、机械润滑油等的好原料；油渣富含蛋白质，是畜禽优质饲料和农作物的有机肥料。花椒枝叶可食用或制作椒茶，还可用椒叶配制土农药杀多种害虫；老椒叶亦可替代花椒果皮作为调料，用以做菜、腌制食品；嫩枝叶可直接做成椒芽菜，香味异常，别有风味。花椒枝干材质坚硬，纹理细致，是制作手杖、伞柄及其他耐磨器具和工艺品的原料，亦可作为薪材。花椒具有耐寒、抗旱、生长快、结果早、易繁殖、适应性强、根系发达等特点，是营造经济林、水土保持林、退耕还林、荒山造林及庭院绿化的重要树种。

花椒属植物约有 250 种，主要产于热带、亚热带地区，中国约有 45 种，北至辽宁，南至广东，西至西藏、云南都有分布，以西南部及南部各地为最多，甘肃省有 12 种 2 变种 1 变型，主要生长在白龙江林区、小陇山林区及白龙江、嘉陵江、黄河、渭河、洮河的沿岸地区，12 种为花椒（*Zanthoxylum bungeanum*

Maxim.）、野花椒（*Z. simulans* Hance.）、竹叶椒（*Z. planispinum* Seb. et Zucc.）、川陕花椒（*Z.. piasezkii* Maxim.）、狭叶花椒（*Z. stenophyl*lumHemsl.）、香花椒（*Z. schinifolium* Sieb.et Zucc.）、竹叶花椒（*Z. armatum* DC.）、异叶花椒（*Z. dimorphophy1lum Hemsl.)*、蚬壳花椒（*Z. dissitum Hemsl.)*、刺壳花椒（*Z. echinocarpum* Hemsl.）、微柔毛花椒（*Z. pilosulum* R.et W.）、山椒（*Z. piperitum* DC.），2变种为刺异叶花椒（*Z. dimorphophyllum Hemsl. var. spinifolium* Rehd. et Wils.）、毛叶花椒（*Z. bungeanumvar. pubescens* Huang），1变型为毛竹叶花椒[*Z. armatum. ferrugineum*(Rehd. et Wils.)Huang]。甘肃省作为经济树种栽培的花椒树种主要为"花椒(*Z. bungeanum* Maxim.）"。

花椒的栽培在中国已有数千年的历史了，早在2300年前的战国时期，就已将花椒作为调味品或香料；在1800年前，中国最早的医学典籍《神农本草经》中，就有"秦椒""蜀椒"的记载，说明在东汉末年，花椒已在黄河流域和长江上游广为栽培，已形成栽培品种。花椒在甘肃的栽培也至少有1500年的历史了，北魏时期贾思勰著的《齐民要术》中，就有"秦椒出天水，蜀椒出武都"的描述。如今，花椒在中国的栽培除内蒙古和西藏外，其余各地都有栽培，栽培面积较大的地区有陕西、山西、河北、河南、山东、四川、甘肃等。甘肃省花椒的栽培主要在陇南、天水、临夏、定西、平凉、庆阳等地，其栽培品种有大红袍、油椒、豆椒、白椒、刺椒、绵椒等。近年来，随着国家退耕还林工程的实施和农业种植结构的调整，花椒栽培面积迅速扩大，花椒生产已成为部分地区农民增加收入的支柱产业。

对于花椒的研究，国内外资料报道较多，处于领先地位的要属日本、韩国，日本栽培面积最大的品种是朝仓花椒，该品种具有高产（干果皮千粒重为 18.85～22.27g）、优质、精油含量高、无刺等特点，以嫁接繁殖为主,采用根系深、抗病和抗干旱能力强的稻花椒、冬花椒作砧木，日本专家认为"实生苗性状发生分离，有刺，果实小，果穗松散，产量低"；同时也开展了组培试验，朝仓花椒茎尖组织，经过 5 次继代培养后，内含的芳香物呈逐步增加趋势。日本把花椒作为一种调料和药用植物进行开发研究，日本医药株式会社、各医药教学与科研机构，投入很大精力对花椒开展攻关研究，化验其有效成分，研制药品，并取得成功，干果利用率在 60%～70%。韩国在花椒育种方面走在前面，韩国林业遗传研究所一直致力于选育具有多果穗、果粒大、无刺的优良品系，目前已选出 13 株优树，并建立了优树的无性系测定林。其中 4 个无性系表现为无刺,而全部优株的经济性状均优于对照 1.5～2 倍。中国在花椒研究上也做了大量工作，开展研究较多的省份有陕西、河北、山东和甘肃，主要在丰产栽培、椒园管理、病虫害防治等实用技术方面开展研究，各地已总结出适用于当地成功的花椒系列栽培技术，而在花椒综合利用及产业化开发方面研究较少，对国外椒新品种的引进试验则处于起步阶段。甘肃省天水、陇南、临夏等地亦对花椒做了许多研究，主要从育苗、造林、病虫害防治、低产改造、产业基地建设等方面进行试验研究，取得了良好的效果，在花椒育种方面陇南市根据当地的需要，着重就花椒果实品质、产量等方面进行了优良类型的选择。

第一章 花椒产业发展现状及前景

第一节 花椒产业发展现状

中国花椒年产量大约 12 万 t，产值近 20 亿元，主要分布于四川、甘肃、陕西、河北、山东等地。甘肃临夏州中北部地区是花椒的适生区，主要包括刘家峡水库毗邻的临夏县、永靖县、积石山县、东乡县等。

图 1-1 花椒产业分布情况

一、花椒栽植生产现状

自 20 世纪 80 年代以来，随着农村改革的不断深入，花椒栽培在临夏县莲花镇和南塬乡、积石山县银川镇和安集镇、东乡县河滩镇迅速发展，花椒生产已逐渐成为农民的重要收入来源。进入 21 世纪，随着国家退耕还林工程的实施，花椒栽培范围不断扩大，栽培规模空前发展。目前，花椒已成为临夏州第一大经济林树种，全州花椒栽培面积超过 82.74 万亩。临夏花椒产区以刘家峡库区周边的临夏、东乡、积石山、永靖为重点，主要分布乡镇为临夏县的莲花镇、南塬乡、坡头乡、桥寺乡和河西乡；积石山县的安集乡、银川乡、铺川乡、郭干乡、关家川乡、柳沟乡、石原乡、胡林家乡；永靖县的三塬镇、岘塬镇、刘家峡镇；东乡县的河滩镇。全州栽植花椒的乡（镇）有 57 个，267 个行政村。栽培区域已扩展到全州 8 县市的 55 个乡镇，已成为临夏中北部地区发展区域经济、增加农民收入的支柱产业。

图 1-2　临夏州花椒产业分布情况

临夏花椒产区栽培的花椒品种主要为刺椒和绵椒。刺椒和绵椒在临夏花椒产区也有一定的分布规律。其中刺椒主要分布在热量条件较好，具有灌溉条件的川塬区域，绵椒主要分布在海拔较高、热量条件较差的干旱半干旱山区。大体分布区域为：刺椒主要栽培区域为东乡县河滩镇；永靖县三塬镇、岘塬镇、刘家峡镇；临夏县的莲花镇、南塬乡、河西乡；积石山县安集乡的三坪村，银川乡银川河两岸的川区。绵椒主要栽培区域为临夏县的南塬乡、坡头乡；银川乡银川河流域的南北两山的山区耕地，安集乡、郭干乡、关家川乡、柳沟乡、石原乡、胡林家乡等。

二、花椒专业合作社发展现状

随着临夏花椒产业的不断壮大，临夏县、积石山县出现了一批具有一定规模的花椒产业农民合作社和实体公司，主要以农民合作社为主。临夏花椒产业合作社发展势头良好，运行机制也比较健全。比较典型的有临夏县土桥花椒市场、莲花诚惠花椒市场、临夏县成平花椒合作社、临夏县满山红花椒农民专业合作社、临夏县兴莲花椒加工有限公司；积石山县建平花椒种植购销农民专业合作社、积石山县银川乡万盛花椒合作社；东乡县河滩镇树林花椒农民专业合作社；永靖县绿源苗木合作社。

临夏县土桥花椒市场：土桥花椒市场是临夏州最大的花椒购销、贮藏、加工市场。市场内成立了临夏县花椒协会，花椒协会会员达78家，协会成员主要为临夏县各乡镇花椒合作社、花椒购销公司、仓储公司、农产品贸易公司等，市场体系运行比较良好。整个市场集花椒购销、储藏、加工、分级包装等多种功能为一体，市场销售信息与全国花椒市场信息同步共享，客户遍布全国各地，花椒产品主要销往四川、重庆、福建、广东、贵州、西藏等地。据调查，土桥花椒市场花椒年加工销售量达 340 万 kg，通过筛选、分级包装等粗加工后，以批发、零售、电商等形式销往全国各大城市和各地食品加工企业。

莲花诚惠花椒市场：花椒市场位于莲花镇鲁家村。该村位于莲花镇花椒栽培中心区域，据该市场主要负责人鲁孝禄介绍，鲁家村 200 多户农户，有 80% 以上农户从事花椒收购加工行业。该市场花椒年加工销售量 100 万 kg 以上，其中临夏县椒香源一家合作社花椒年加工销售量达 30 万 kg。

积石山县建平花椒种植购销农民专业合作社：该合作社为州级示范社，目前正在申请报批国家级示范社。积石山县建平花椒种植购销专业合作社成立于 2013 年 5 月 15 日。"合作社"成员出资 369 万元，入社成员 106 人，辐射带动周边农户 350 余户。是一家集收购、储藏、分级、加工包装、销售为一体的花椒种植购销专业合作社。合作社生产的花椒色艳、粒大、味浓，主要品质指标都不亚于陇南大红袍花椒。合作社年购销、加工花椒 120 万 kg 以上。

东乡县河滩镇树林花椒农民专业合作社：该合作社由农民企业家杨树林、河滩供销社及供销社职工郭延贤等人发起，于 2006 年 5 月成立。成立至今累计加工销售花椒 1000t 吨，销售额 3000 万元以上，服务农户 500 户。该合作社成立后，通过建厂房，购买花椒加工设备，开拓花椒销售市场，东乡县河滩镇花椒生产成功实现了从简单粗放型向市场集约型的转型，并且注册了自己的花椒品牌。极大地鼓舞了东乡县河滩镇花椒农户的生产积极性，使东乡县河滩镇花椒从农户零星销售走向了国家花椒市场。

永靖县绿源苗木合作社：该合作社位于永靖县刘家峡镇白川

村。该合作社主要以花椒、核桃、柿子等育苗产业为主，其中花椒育苗最多，约 200 亩。百川村也有近百亩花椒生产园，其花椒栽培与其他生产乡村别具一格，其最大特点是花椒栽培品种多。临夏州绝大多数花椒栽培区域主要栽培品种为刺椒和绵椒，而白川村栽培的花椒品种比较多，有早、中、晚熟多个品种。合作社负责人孔林吉介绍，白川村栽培的花椒有 6 月熟、7 月熟、8 月熟、甚至还有 8 月到 9 月熟的花椒品种。该合作社大量的花椒苗木可为临夏州及省内外其他地方花椒造林提供大量的优质花椒苗木。

三、技术服务、栽培技术研究及成果示范推广情况

临夏州现有林业科技服务机构 126 个，科技人员 1273 人，其中高级职称 50 多人、中级职称 200 多人、初级职称 350 多人，农民技术员 5300 多人，基本形成了州、县、乡、村四级花椒产业科技服务网络。各级林业科研推广人员，结合全州花椒产业基地建设，从新品种引进、示范园建设、丰产栽培、标准化生产、病虫害防治等方面开展了大量卓有成效的科学研究和技术示范推广工作，先后完成了"万亩低产花椒综合改造技术推广""花椒综合管理适用技术推广""花椒短枝型新品种——秦安 1 号引种与示范""花椒综合配套丰产高效管理技术试验示范""临夏州库区沿岸花椒低产林改造示范推广项目""甘肃干旱塬区低产花椒提质增效技术示范推广""花椒黑胫病防治技术引进和推广""花椒流胶病防治技术研究""临夏中北部地区花椒综合优化栽培技术试验示范""花椒蚧壳虫方式技术试验示范""花椒主要病虫害生物控制和综合治理技术研究与示范推广""临夏沿黄库区花椒提质增效技术示范推广"等。这些项目的实施，提高了花椒栽培管理水平，推广了花椒栽

培技术，产生了显著的经济效益、社会效益和生态效益。并提出了一系列花椒栽培管理的配套技术，解决了花椒栽培的诸多技术性问题，提高了花椒产业化建设质量和水平，促进了临夏花椒产业化发展进程。

第二节　花椒产业发展前景

一、花椒的经济价值

花椒的果皮、种子、叶、树皮和木材都有特殊用途。果皮味香麻，是很好的调料，芳香油含量高达 4%～9%，提取后经精制处理，可作调制香精的原料。花椒作为调味品，能去腥膻，开胃增食，麻香宜人，风味别致，在中国人民生活中占有相当重要的地位。入药有温中散寒、燥湿杀虫、行气止痛、坚齿及促进食欲等功效，可治积食停饮、心腹冷痛、呕吐、咳嗽气逆、风寒湿痹、泄泻、痢疾、疝痛、齿痛、蛔虫病、蛲虫病、阴痒、疮疥等。花椒还可以用来防治仓储害虫。

花椒种子可以榨油，含油率 25%～30%，一般出油率 22%～25%，含蛋白质 14%～16%，粗纤维 28%～32%，非氮物质 20%～25%，灰分 5%左右。属干性油类，黄色或黄棕色，具有花椒特有的麻香味，可食用。工业上用于制滑润剂、油漆、肥皂等。榨油后的油饼可作饲料和肥料。

花椒的嫩枝幼叶具有特殊的麻香味，腌食或炒菜，均有丰富的营养和独特的风味。叶可提取芳香油，还可入粮仓防治害虫。

树皮可磨粉药用。花椒的木材，质地坚硬，纹理美观，可做手杖，雅观别致，还可做伞柄及各种小器具。果实易于贮藏运输。花椒耐旱喜温，不仅是一种很好的经济生态兼用型树种，而且枝繁叶茂，姿态优美，金秋成熟，果红如火，若满树繁花，植于庭院、广场、建筑物周围，不仅形态美、色彩美，而且芳香宜人，具有较好的观赏价值。同时花椒枝条有刺，牲畜不糟蹋，耐修剪，可栽作绿篱，既美化环境，又可增加收益。

二、花椒栽培产业的综合效益

花椒根系因品种不同而表现各异，如八月椒、豆椒、大红袍等品种椒树主根发达，刺椒、绵椒、梅花椒等主根欠发达且根系分布较浅。虽然花椒不同品种根系各异，但总体来说，花椒耐干旱，耐贫瘠，抗逆性强，不仅是荒山丘陵营造阳坡经济林的很好树种，也是干旱半干旱区宜林地、撂荒地以及荒山荒坡等绿化造林、保护生态、营造生态林的重要树种之一。

（一）种植花椒经济效益显著

临夏州栽植花椒的乡（镇）有 57 个，267 个行政村。其中，花椒栽培典型乡镇 12 个，栽植面积 17.02 万亩，人均花椒收入 1500 元；典型村 21 个，栽植面积 7.6 万亩，人均花椒收入 2100 元；典型农户 6782 户，栽植面积 2.81 万亩，人均花椒收入 5000 元。花椒收入在花椒产区的人均收入中占有重要的位置。因此，因地制宜地发展花椒产业，是山区农村致富的一个重要途径。

（二）充分利用农村劳动力，有效扩大了就业机会

由于农村地区人们文化程度相对较低，就业机会少，临夏西北部地区人多地少，农村剩余劳力普遍丰裕。充分利用荒山荒坡

营建坡地椒园，为当地农村提供了较好的劳动就业机会。根据调查统计结果来看，不包括新建坡地椒园的营建整地用工，仅花椒苗木繁育、园地造林、田间管理、花椒采收、花椒种子榨油、果皮烘干、加工分级包装和运输销售等，平均每亩年投 30 多个工，而在这些投工中大部分（85%以上）为半劳力和辅助劳力。通过大面积花椒园的生产劳动，大量增加了就业机会和经济收入。在管理、采收、加工、榨油等生产活动中，以花椒采收、烘干加工、分级包装等占用的劳力最多，约占 85%，此时正值夏锄、秋收的季节，农村闲散劳动力较为充裕，也正是花椒集中收获的繁忙季节，变农闲为农忙，大量利用了闲散劳动力，带动提高了就业率。

（三）充分利用自然资源，有效提高了光、热及土地等利用率

荒山荒坡拥有丰富的光热资源和大量的土地资源，但是没有经济作物的情况下，光、热、地等资源的利用率不高，只是自然状态下生长一些杂草和灌木等，绿化效果低下，植被覆盖度小，单位面积生物量较低，几乎不产生任何经济价值。通过在荒山荒坡上建设梯田，营建花椒园，将零散的土地集中使用，通过土壤改良栽植花椒树，变一般草类、灌木林为花椒林地，从而有效提高了对光热、水肥、土壤资源的利用效率，提高植被覆盖度和林地郁闭度，大量提高了单位面积的生物产量，有效地改善了荒山荒坡生态环境，极大地提高了土地资源利用效益。

（四）改善和保护农村环境

花椒大多生长在荒坡山地，花椒生命力很强，具有极强的抗旱、耐贫瘠的特性。特别在山大坡广、沟壑纵横的干石山区和丘陵地区，发展花椒种植业，不仅是当地农民脱贫致富的重要产业之一，而且具有强大的保墒、保水和保肥能力，对增加生物多样性、绿化荒山、美化农村、营造绿水青山系统、优化生态环境具有独特的作用。对于保护和改善农村环境具有重要现实意义。

（五）花椒生产的市场前景广阔

一是消费空间巨大。花椒消费对象主要为餐饮市场、调味品加工企业、食品企业和家庭。在调味品市场，花椒是火锅底料、豆瓣酱等主要原料之一。在食品行业，花椒主要用于怪味胡豆、绝味鸭脖等麻辣味的休闲食品。花椒也是西南、西北、华北、华中、华东等地区家庭厨房的必备佐料。二是消费增速较快。2019年中国花椒表观消费量为 27.64 万 t，较 2018 年增长 4.6%。随着人们生活水平的提高，花椒需求呈现多样化趋势。据有关数据，国内年需求量达 42 万 t，其中西南地区占比达 28.7%。日本和东南亚 70% 以上的花椒都是从中国进口。

临夏州成立了州级花椒协会，以临夏县土桥花椒市场为中心的临夏州花椒销售市场，形成了临夏州从生产、收购、加工分级、包装、市场销售、电商销售等健全的花椒市场体系，实现政府对市场秩序的全程监管，畅通了市场流通渠道。同时促进电子商务发展，由传统营销模式向网络营销模式转变，拓宽了营销渠道。

第二章　花椒生长结果特性

第一节　花椒生物学特性

花椒属芸香科花椒属落叶小乔木或灌木。主干和主枝上的刺常早落，侧枝有短刺，小枝上的刺基部宽而扁且劲直呈长三角形，当年生枝被短柔毛或无毛。叶有小叶 5～13 片，叶轴常有甚狭窄的叶翼；小叶对生，无柄，卵形，椭圆形，稀披针形，位于叶轴顶部的较大，近基部的有时圆形，长 2～7cm，宽 1～3.5cm，叶缘有细裂齿，齿缝有油点。其余无或散生肉眼可见的油点，叶背基部中脉两侧有丛毛或小叶，两面均被柔毛，中脉在叶面微凹陷，叶背干后常有红褐色斑纹。花序顶生或生于侧枝之顶，花序轴及花梗密被短柔毛或无毛；花被片 6～8 片，黄绿色，形状及大小大致相同；雄花的雄蕊 5 枚或多至 8 枚；退化雌蕊顶端叉状浅裂；雌花很少有发育雄蕊，有心皮 3 或 2 个，间有 4 个，花柱斜向背弯。果紫红色，单个分果瓣径 4～5mm，散生微凸起的油点，顶端有甚短的芒尖或无；种子长 3.5～4.5mm。花期 4～5 月，果期 7～9 月或 10 月。

一、花椒的花芽分化特点

花芽分化是指叶芽在树体内有足够的养分积累，外界光照充足,温度适宜的条件下,向花芽转化的全过程。花椒花芽分化开始于新梢生长的第一次高峰之后,大致在 6 月上旬,花序分化在 6 月中旬至 7 月上旬,花蕾分化在 6 月下旬至 7 月中旬,花萼分化在 6 月下旬至 8 月上旬,此后花的分化处于停顿状态,并以此状态越冬,到翌年 3 月下旬至 4 月上旬进行雌蕊分化,同时,花芽开始萌动。花芽分化是开花结果的基础,花芽分化的数量和质量直接影响着第二年花椒的产量。花椒花芽分化又受很多内在因素和外界条件的影响,其中树体营养物质积累水平和外界光照条件是影响花芽分化的主要因素。树体内营养物质的积累取决于肥水管理和叶片的光合功能、光合产物的分配利用等几个方面;光照条件则取决于当地光照强度、光照时间及树冠通风透光状况。因此,合理施肥、增强叶片光合功能、科学修剪、减少树体营养物质不必要的消耗、选择光照条件好的园地、保持树冠通风透光,是促进花芽分化的主要途径。

二、花椒根系须根发达

花椒根系因品种不同而差异比较明显。除了八月椒、豆椒等大多花椒品种,椒树主根不发达,一般不超过 50cm。其根系主要是由主根上产生的大量侧根和由侧根上产生的大量须根组成。如石灰岩山地梯田(梯田外侧高 60cm)椒园 12 年生花椒树,其根系总长度 39 383m,总重量 10.047kg,其中直径小于 1mm 的根系占总长度的 99.6%,占总重量的 53.7%,主要分布于 0～30cm 的范围内。在梯田土壤空间分布范围内,$1m^3$ 土壤中分布有长 9249m、重 2.27kg 的根系,其分布密度相当大。

花椒树幼龄阶段,根系主要集中在冠幅范围内,进入盛果期侧根发展很快,侧根根幅可达冠幅的 4～5 倍,根系主要集中分布在冠幅 0.5～1.5 倍的范围内。

三、花椒生长发育快、结果早

花椒树的生长发育期分为幼龄期、初果期、盛果期和衰老期四个阶段，但是花椒树的幼龄期相对较短，进入初果期的时间相对提前。

（一）幼龄期

大多花椒品种的幼龄期一般为三年，这一阶段营养生长旺盛。第一年苗梢生长量 30～90cm，第二年发出侧枝，第三年侧枝上形成大量的次级枝，冠幅生长量明显大于树高的生长量。因此，花椒树生长的前一至三年是树体形成、树形基本结构的重要生长时期。

（二）初果期

大多数品种的花椒树一般在造林后第三年开始结果，进入结果初期。这一生长期，花椒树冠幅生长加快，是花椒各生长发育阶段树体冠幅生长最快的时期，在这个生长阶段，是花椒树营养生长与生殖生长同步进行的时期。此时由于是花椒树初结果期，果穗和果粒都比较大，这个阶段花椒株产量变化较大，每年单位面积花椒产量增加非常明显。

（三）盛果期

花椒树栽植后 8～10 年就进入结果盛期，株形较大的丰产品种年产干椒 5kg 以上。此时花椒树营养生长非常明显，枝条抽生数量增长很快，为初果期的数倍，这个阶段花椒树生长的枝条绝大多数为结果枝，这些枝条的快速生长为花椒树产量的增加奠定了良好的基础。由于气候条件、立地条件、栽培措施、管理水平的不同，花椒盛果期的年限也各有不同，大多花椒品种在一般条件下可达到 15～25 年。

（四）衰老期

大多数品种的花椒树于 25～30 年进入树体衰老期，此时花椒树枝条萌生能力急剧减弱，结果枝弱小、无更新能力，部分主枝、侧枝开始干枯死亡，花椒产量急剧下降，此时应及时进行花椒园的更新改造。

四、花椒苗木繁育技术简单，椒树萌芽能力强

花椒树不仅可以用种子播种育苗，而且可以扦插、嫁接育苗，所以花椒容易进行苗木繁育。花椒树萌芽能力强，隐芽寿命长，这是花椒树的一个重要特点，它还能耐高强度整形修剪，树形的培养比较容易。大多数品种的花椒树在主干和主枝上容易萌生徒长枝，在栽培修剪的过程中，可将徒长枝通过各种修剪技术培育为结果枝组，可充分提高树冠上结果枝组的数量。进入衰老期的花椒树，可通过去除枝条以及去头平茬的方法，刺激枝条隐芽的萌发使抽生新的枝条，并通过修剪进行树体更新。

五、花椒喜温暖，耐寒能力差

花椒树在生长发育过程中，需要较高的温度，温暖的气候是其生长发育的必要条件。据资料介绍，1 年生的花椒幼苗若不防寒，在-18℃的情况下，枝条即受冻害。15 年生的大树最低温度降至-25℃以下时，产生冻害。幼树和结果树在花椒休眠期气温过低或生长期遇到零摄氏度以下的寒害或冻害时，花椒树可能遭到伤害。繁育圃的花椒幼苗地上部分很容易受到冬季低温冻害或风干而死亡，但是地下部分仍然存活，翌年春季可重新从地下部分发育生

长。花椒树的冻害主要为冬季低温冻害和早春倒春寒冻害。对花椒生产影响大的主要是春季倒春寒，因为春季倒春寒发生频率高，会对花芽、叶芽萌发生长危害大。冬季冻害主要为长时间超低温冻害，树体冻害表现为树干及主枝低温冻裂、树皮和树干因低温冻害而分离、木质化程度较低的树冠外围树梢被冻失水或风干失水等。春季倒春寒危害主要发生在 4 月份，4 月下旬发生几率最大，而且一般会发生一至两次，甚至两次以上，危害频率高，损害非常严重，有时直接影响当年的花椒市场，甚至可以说全国花椒产区春季倒春寒的危害有时可以看做花椒市场价格的风向标。春季倒春寒主要危害花椒树的叶芽、花芽、花穗、花器、幼果、嫩枝叶等，它们因低温伤害而受伤或死亡。如果花椒萌动生长期遇到春季倒春寒气温过低时，主干和主枝也因低温而冻伤，甚至冻裂。冻害发生时同一地点，不同的海拔、坡向、坡位气温差别很大，尤其遇到倒春寒时，花椒园地因海拔、坡向、坡位等局部因素不同而受冻害程度非常明显，表现为同一地点，不同花椒树受冻害程度明显不同，甚至有些椒树受冻害严重而有些椒树没有受到冻害危害。一般随着海拔的增高，冻害程度加重。不同地形受冻情况也不同，迎风口和过风梁生长的椒树受害重。根据花椒喜温怕冻的特点，除注意选择背风的阳坡外，海拔高度也是不容忽视的。据调查，海拔高度超过 1200m 时，常遭冻害。临夏花椒栽培区域海拔一般在 1500～2200m，在海拔高度来说，已经到了甚至超过了花椒栽培条件的极限范围，结果是临夏花椒遭受冻害概率非常高，冻害也成为临夏花椒生产危害范围最广、对花椒生产威胁最大的自然灾害。据调查，全州花椒平均 3 年要经历一次大范围冻害，严重的造成花椒减产，甚至绝收。据调查发现，在临夏花椒快速发展的近 20 多年里，临夏花椒经受过两次非常严重的冻害。

一次是 2008 年 1～2 月，临夏经历了近 40 天的超低温天气，期间大多时间最低温度都在–20℃以下，结果临夏花椒产区海拔较高的临夏县坡头乡、南塬乡、桥寺乡、先锋乡；积石山县银川乡、安集乡等乡镇花椒大面积受害，很多花椒树干、主枝被冻裂，造成大面积花椒树死亡或冻伤。此后几年，花椒产量急剧下降，花椒林地面积减退明显。第二次严重冻害发生在 2018 年春季，在 4 月份连续发生两次倒春寒，对临夏州花椒造成了非常严重的危害。其中，花椒产区的刺椒全部绝收，绵椒收成仅有往年的 2～3 成，随之而来的便是花椒市场价格大幅上涨，这年花椒价格较上年同期高 50%～100%。

六、花椒抗干旱，土壤适应性强

在实际工作中，人们常用蒸腾强度和凋萎土壤含水率来衡量树种的抗旱能力，花椒树的这两个抗旱水分生理指标都是较低的。据测定，花椒幼苗期，每克叶片 1min 的蒸腾强度为 10.34mg，低于山桃、山杏、白榆等树种 [12.98mg/（min·g）]，高于核桃、沙棘、香椿等树种 [8.16 mg/（min·g）]。在黏壤土中，花椒幼苗的凋萎土壤含水率为 7.1%，远低于核桃、山杏、山桃、香椿等树种（这四个树种的凋萎土壤含水率为 8.3%～10.1%，平均为 9.7%），与枣树是一样的，表明花椒树具有较强的抗旱能力。在临夏地区栽植的刺椒和绵椒中，绵椒较耐干旱，大都栽植在干旱的荒坡山地，而刺椒耐旱性较差，主要栽植在川塬耕地。但是，在临夏县莲花镇鲁家村的孔家山深山沟中长约 2.8km，宽约 1.7km 的两面山坡上，全部栽植了刺椒树，树木生长表现却非常好，花椒产量也比较高，花椒流胶病危害也较轻，说明刺椒较绵椒抗旱性差，但是在没有灌溉条件的荒山坡亦能正常生长结果，说明刺椒也具有比较强的抗旱性。

由于花椒树具有一定的抗旱能力，在一定程度上扩大了栽培的立地范围，具有较强的土壤适应性，除极黏重的土壤、粗沙地、湿盐碱地外，一般的沙土、轻壤土、黏壤土，以及在坡积物上形成的土壤，均可栽植。但是据调查，花椒树在透气性良好的沙壤土表现更好，黏性较大的土壤中表现较差。在山地栽培时，通过整地土层厚度在 0.8m 以上，即能正常生长结实。如果土层过浅，水肥条件过差，容易形成"小老树"而失去花椒栽植的价值。

第二节　花椒主要栽培品种

花椒树栽培生产是以生产花椒（果皮）为目的的农事生产活动，在实际生产中能否实现高产稳产，关键在于花椒园的栽培环境，采取的生产栽培措施，能否满足花椒正常生长发育的需求。由于花椒栽培历史悠久，分布又很广泛，全国各地花椒栽培经过多年的生产经验，选育了很多地方的花椒栽培品种。甘肃省不同花椒栽培区域都有各自优良的花椒传统栽培品种，不同地方栽培品种经过长期的栽培经历对各自分布地区的自然环境、气候类型等具备了良好的适应性，且具有良好的经济性状和生产价值，经过长期的栽培驯化，形成了不同地方各自特有的花椒栽培品种。

一、大红袍

也称大红椒、圪塔椒、狮子头。武都为其主要产区，天水部分地区也有栽培。有人考证该品种是从文县麻柳树湾林区移栽而来，此林区海拔1600m，林内主要分布云杉，大红袍为林下灌木之一，但从全国广泛分布栽培的情况看，该品种的野生分布和演变不仅来源于此一处。

树体特征：在自然生长情况下，树形多为多主枝圆头形或无主干丛状形，盛果期大树高3～5m，树势强健，分枝角度小，树姿半开张。1年生枝新梢紫绿色，节间较短，果枝粗壮，多年生枝灰褐色。皮刺基部宽厚，刺大而稀，随着枝龄增加，尖端逐渐脱落而呈瘤状。奇数羽状复叶，小叶大，3～7对，互生，叶片卵圆形，叶尖渐尖，叶色浓绿，叶片较厚而有光泽，表面光滑，蜡质层较厚，油腺点较窄，不甚明显。

果实特征：在半山区或山区旱地果柄较短，果穗紧密；如果移栽在肥水较好的川水地上，则果柄长，果粒大，稀疏，直径5～6.5mm。成熟的果实深红色，表面有粗大疣状腺点。有的类型果实与果柄联接处有2个小红果，但没有种子；有的类型果实上紧靠1个小果实，小果实中有种子，当果实过熟开裂时，出现2个小"8"字形种皮，小"8"字形中间不断裂。鲜果千粒重85g左右，4.5kg鲜椒晒制1kg干椒，籽皮重量比为1:1。椒皮晒干后呈浓红色，有的类型内果皮呈金黄色，有的为白色。

栽培特点：果实粒大鲜艳，麻香味浓，属上等调料，商品性好，在市场上颇受欢迎，价格高。8月上旬采收，成熟较早。此品种喜肥水，抗旱性、抗寒性较差，适于较温暖的气候和肥沃的土壤；若立地条件差，则易形成小老树。空籽率高，种子饱满度为15%～18%，育苗下籽量应适当加大。是白龙江沿岸及其他较温暖地区大力发展的优良品种。

二、油椒

也称大花椒、二红袍。该品种在甘肃省内各产区都有栽培，以天水更为集中，是秦椒的代表品种之一。

树体特征：在自然生长情况下，多为主枝半圆形或多主枝自然开心形，盛果期大树高2.5～5m，树势强健，分枝角度较大，树姿较开张。1年生枝褐绿色，多年生枝灰褐色，皮刺基部扁宽，随着枝龄增加，常从基部脱落。叶片较大红袍小，腺点明显，分泌物多，叶片光亮。

果实特征：果柄较长，果穗较松散，每果穗结果20～50粒；果粒中等大，直径4.5～5mm。成熟的果实鲜红色，表面有粗大疣状腺点，晒干后的椒皮呈酱红色。鲜果千粒重70g，3.5～4kg可晒制1kg干椒皮。

栽培特点：丰产性强，产量高，抗逆性也较强。椒皮品质好，麻香味浓，在市场上颇受欢迎，价格较高。8月下旬采收，成熟期中等。此品种喜肥水，种植在肥沃土壤上的植株，树体高大，产量稳定；在肥水较差、较干旱的条件下，也能正常生长结果。是各地大力发展和推广的优良品种。

三、豆椒

也称小红椒、小红袍。属秦椒的一种，在天水渭河流域浅山干旱地方栽培较多。

树体特征：分枝角度大，树姿开张，盛果期树高2～4m,1年生枝褐绿色，多年生枝灰褐色。枝条细软，易下垂，萌芽率和成枝率强。皮刺小而尖利，随着枝龄增加，从基部脱落。叶片较小。

果实特征：果柄较长，果穗较松散，果粒小，直径 4～4.5mm；鲜果千粒重 58g 左右。成熟时果实鲜红色，晒制的椒皮颜色鲜艳，出皮率高，3～3.5kg 鲜果可晒制 1kg 干椒皮。

栽培特点：抗寒抗旱，丰产性强，较耐水湿，可作为大红袍花椒的砧木，果穗中果粒不甚整齐，成熟也不一致，8 月下旬果实成熟后易开裂，需及时采收。椒皮麻香味浓，特别是香味大，品质中上，果粒小，市场价格稍低，但由于单株产量高，连年产量稳定，总体收入并无减少，是干旱冷凉山区大力发展的优良品种。

四、白椒

该品种在天水及陇南北部栽培，是大红袍、油椒的搭配品。

树体特征：分枝角度大，树姿开张，树势健壮，盛果期大树高 2.5～5m，1 年生枝淡褐绿色，多年生枝灰褐色，皮刺基部宽大而稀，多年生枝皮刺通常从基部脱落。叶片较宽大，色浅，叶面腺点明显。

果实特征：果柄较长，果穗蓬松，果粒中等，果实成熟前由绿色变为绿白色，成熟果实淡红色，鲜果千粒重 75g 左右，3.5～4kg 鲜果可晒制 1kg 干椒皮。

栽培特点：丰产性强。在土壤深厚肥沃的地方，树体高大健壮，产量稳定。9 月中旬采收，成熟期较晚，晒干椒皮褐红色，麻香味浓，存放几年，风味不减，但色泽较差，市场价格低，可作为搭配品种适当发展。

五、刺椒

该品种是临夏当地群众多年栽培选育的优良乡土品种。树势强健，分枝角度大，树姿开张。枝条生长旺盛，在自然生长情况下，树形多为多主枝圆头形。

果实特征：果稍小，果皮呈紫红色，味浓，椒皮品质好。果梗较长，果穗蓬松，采收方便。果实圆形，果粒大小与大红袍相近，鲜果千粒重 80g 左右。

栽培特点：丰产性好，高产、稳产。喜肥水，抗旱性、抗寒性较差，适于较温暖的气候和肥沃土壤栽培。栽培后 4 年结果，8～10 年进入盛果期，是临夏地区的主栽品种。7 月中下旬成熟，属早熟品种，成熟的果实呈深红色，晒干的干椒皮呈肉红色，内果皮晒干后呈淡黄色。果皮麻味纯正，耐贮藏，晒干后可存放 3～5 年，麻香味不减。因其色泽鲜亮，味道纯正，是花椒中的极品，深受市场欢迎。作为最畅销的花椒，其市场价格在诸多花椒产品中一直占据很高的价位，也是花椒市场的抢手货。因其喜肥水，抗旱性、抗寒性较差，一般栽植在立地条件较好的川塬灌区，在临夏地区栽培地垂直海拔高度不宜超过 1900m。对花椒流胶病抗性较差。春季萌动时间较早，容易遭到春季倒春寒的危害而减产。

六、绵椒

临夏当地群众多年栽培选育的优良乡土品种。

树体特征：树势中庸，生长期树冠整体颜色绿色偏黄，在自然生长情况下，树形多为多主枝圆头形，栽培条件下树冠呈杯状或扁圆形，树势较弱，分枝角度小，树姿半开张。1 年生枝新梢淡黄绿色，盛果期长，树高 2.5～5m，皮刺大而稀，多年生枝皮刺通常从基部脱落，叶片较宽大，叶面腺点明显。

果实特征：果大皮红，果梗较短，果穗紧密，果粒大，直径 5～5.6mm。品质较刺椒稍差，成熟的果实浅红色，表面有粗大的疣状腺点，鲜果千粒重 75g 左右。

栽培特点：产量高，9 月上旬采收，成熟期比刺椒晚，其椒皮品质不如刺椒好，较抗寒抗旱，但易得干腐病和根腐病，适宜山地推广。适宜在水分条件较好的地点栽培。成熟期为 8 月下旬至 9 月上旬，成熟的果实不易开裂，采收期较长，可达 1 个月以上。因此其味道稍次，价格一般为刺椒的 60%左右，在同等成本下经济效益较差。绵椒相比刺椒耐旱、耐寒，所以一般栽植在海拔较高的干旱山坡或无灌溉条件梯田、山荒地，栽培垂直海拔可达到 2200m。

七、八月椒

树体特征：树体高大，树势强健，分枝角度小，枝条相对直立，树体半开张。枝条生长旺盛，枝条表皮深绿色，枝条节间较长，皮刺基部肥圆。果枝粗壮。叶片较厚有光泽，小叶 8～11 片，油腺点较小，不太明显。

栽培特点：定植后 3～5 年开始结果，10 年后进入盛果期，株产鲜椒 6～8kg，结果龄可达 35 年。八月椒主根发达，因此具有较强的抗旱性，具有丰产性状，是一个较好的栽培品种。八月椒对花椒流胶病具有很强的抗性或免疫力。临夏州东乡县河滩镇在花椒流胶病非常严重的椒园内，八月椒对花椒流胶病表现出非常强的抗性。在调查中刺椒的花椒流胶病发病率在 32%以上，但是八月椒流胶病的侵染率为零；在永靖县刘家峡镇调查时发现，刺椒的花椒流胶病发病率在 35%以上，且好多被危害的刺椒树的主干有大面积病斑，危害程度非常严重，而八月椒树流胶病侵染率不到 5%，且受害的八月椒危害程度非常轻，树体主干上只出现了点状流胶症状。所以，八月椒可以作为抗花椒流胶病砧木嫁接繁育其他品质好、经济效益高的优良花椒品种，比如刺椒、伏椒等。

八、秦安一号

也称"串串椒"，是人工选育的优良品种。是由秦安县农民汪振中在自家椒园中发现的长势及结果特殊的优良单株。1982～1988年单采单育进行了实生扩大繁殖，1991～1992年秦安县林业局、天水市林业科学研究所技术人员对品种的遗传稳定性及产量进行了观察测定，并通过专家鉴定，经甘肃省林木良种委员会审定，1997年发布为优良品种。

树体特征：主干明显，一般主干着生4～6个主枝，主枝与主干形成45°～60°夹角，向外逐渐水平伸展，成开阔的扇形树冠，冠层稀疏，冠顶平，形似桃树。1年生枝条粗短、少刺，长15～30cm，粗约0.6cm，节间短，约2.8cm，相同长度的枝条，比普通品种多着生花芽50%，皮刺大而宽扁，幼树刺多，随着树龄增大，皮刺逐渐脱落。复叶长约12cm，着生小叶5～9片，小叶长约5cm，宽约3cm，比普通品种大1～2倍。大型聚伞花序。

果实特征：果穗长10～15cm，果柄较长，每穗结果80～180粒，穗大成串，采收方便。果皮较厚，果粒大，色鲜红，品质上乘，9月上旬采收，市场价格高于油椒。同时叶色浓绿，果实7月初即现红色，树姿优美，红绿相间，可作为观赏树栽培。

以上8个品种是甘肃省椒区群众对花椒的普通称呼和分类方法。由于花椒在甘肃省栽培历史久远，许多地方在长期的栽培选择中，形成了自己的地方品种。目前在花椒品种分类方面还缺乏系统深入地研究，生产上分类方法及命名很不统一，或同名异物，或异物同名，按成熟期分有六月椒、七月椒、八月椒或伏椒、秋椒等；按商品果实大小和颜色分有大红袍、二红袍、大红椒、二红椒、小红椒、白椒、九叶青（产于重庆津江，果实青色）；按果实和叶片分泌物多少分有油椒、豆椒；按产地分有黎椒（产于四川汉源）、凤椒（产于陕西韩城）、秦椒（产于甘肃天水）、蜀椒（产于甘肃武都）；按皮刺分有刺椒、绵椒等。

还有特殊类型的花椒，如逆型花椒，仅见于文县白衣坝村，是一有培育前途的类型，果特殊，果实无规则球形，每果穗可达297粒，成熟期稍迟于大红袍，叶及冠形近似于大红袍。还有很富有情趣的子母椒，产于武都洛塘，果柄处有两粒不发育的小花椒，人称背娃娃椒。还有四粒小果并蒂，成熟时绽开，形似花朵的莲花椒等。在甘肃省常见的农家栽培品种见表2-1。

表2-1 甘肃省花椒不同品种栽培现状

栽培区	栽培面积（万亩）	挂果面积（万亩）	年产量（万 kg）	主栽培种
陇南	234	60	3013.92	梅花椒、大红袍、二红袍、八月椒
舟曲	6	2	55.48	梅花椒、大红袍、二红袍
天水	45	23	385.6	大红袍、油椒、秦安一号、豆椒
临夏	84.7	25	419.58	刺椒、绵椒、八月椒
其他	2	2	40	大红袍、二红袍
合计	371.7	112	3914.58	

第三章　花椒苗木培育

花椒一般采用种子播种育苗，也可采取嫁接育苗。由于种子育苗繁殖速度快，技术简便，易于操作，成本也较低，所以各地多用采用播种育苗方法来培育苗木。目前，抗逆性良种育苗多采用嫁接繁育技术，特别是抗花椒流胶病苗木繁育多采用嫁接育苗方法。

第一节　种子苗育

一、种子的采集

（一）采种母树选择

选择生长健壮，品种性状优良，单株产量高，丰产性状稳定，无病虫害的单株为采种母树。生产实践表明，花椒优良品种生长发育健壮的椒树，才能结出饱满优质的种子并保证花椒品种优良特性的遗传性，繁育出来的苗木才能保持良好的遗传品质和丰产性。一般应选10～15年盛果期植株做采种母树，初果期和衰老期的植株种子空秕率高，发芽率低。

（二）采种时间

不同品种的花椒果实和种子成熟时间差异明显，所以要掌握好采种期，采种过早，种子未充分成熟，生活力弱，发芽率低；采种过晚，果实裂开，种子脱落，难以收集种子。同一花椒品种因栽培的立地条件不同，气候不同，种子成熟时期也不同，一般种子呈黑色，有光泽，有10%～20%的果皮开裂时采收比较适宜。用来生产的花椒采收时间一般比果实和种子的自然成熟期早，所以不宜用采收食用花椒的种子作为育苗种子。树冠中上部向阳侧的果实成熟度高，应采摘这些树冠部位的果穗做育苗用种子。

（三）种子晾晒

果实采回后要及时阴干，选择通风干燥的地方，薄薄的摊开，每天翻动3～4次，果皮裂开后，轻轻敲打，使种子在果实里脱落出来。脱落下来的种子继续阴干，不能在太阳下晒干。因花椒种子呈黑色，在太阳下暴晒，吸热多，易使种子的酶活性迅速下降，丧失发芽力，或暴晒条件下种子温度过高，造成胚芽和胚乳死亡。据测定，暴晒制干的种子，氧化酶总活力比阴干种子降低56.6%，72h内种子吸水量降低24.5%，种子千粒重降低27.2%，种子发芽率降低74.9%。上述数据表明，采收后的种子是阴干处理还是晒干处理，是影响育苗成败的关键，这一点一定要引起重视。晒干的种子，由于在高温暴晒下种子挥发油外溢，种子表面光亮，硬度较大，而阴干种子不太光亮，种壳较脆。从外地调进种子时，可以根据上述特点，来辨别是阴干种子还是晒干种子。

二、种子的贮藏与处理

花椒种子中有一种抑制发芽的物质，主要存在于种皮的油脂中，所以用于育苗的种子，必须进行脱油处理，以利种子发芽。有的地方春季播种后不出苗，其中一个重要原因就是未进行种子脱油处理，没有去掉抑制发芽的物质。播前种子处理，可依据播种育苗的实际情况，采取以下几种方法。

（一）秋季种子处理

若春季播种，须在上一年 10 月底（霜降）以前进行处理，处理过晚，会明显地降低处理效果。常见的种子处理方法有下面几种。

沙藏处理：选地势较高、排水良好、避风背阴处，挖贮藏坑（忌地下水过高的湿地），坑深 1.3～1.5m（一般为冻土层深度），气候暖和的地方可以浅些，较冷的地方深些，坑长、宽视种子的多少而定。将种子与三倍的细沙混合均匀，细沙的湿度以用手能捏成团又不出水为好，没有细沙的地方，也可以用粉沙质黄土代替（不能用黏性土）。先在坑底铺垫 10cm 左右的湿沙，然后将混沙的种子倒入坑内，直至坑口 30cm，上面盖一层 20cm 左右的作物秸秆，以与混沙的种子隔开，利于透气，上面再用碎土堆封起来，土堆要高出地面 20cm，必要时四周开挖排水沟，以避免雨雪等造成贮藏坑内种子汲水。

处理种子数量较少时，也可将混沙种子装在木箱内或用草席、草袋包好埋藏在贮藏坑内。贮藏过程中做到勤检查，勿使雪水流入坑内；防止贮藏坑漏风而风干种子沙子混合物，降低处理效果。此法省工省料，方法简便，使种子处在一个低温、湿润、透气的环境里，经一冬的混沙处理，不仅可以解除种皮上的发芽抑制物质，而且也有利于种子生理活动。次年春季后要多次观察，发现少部分种子露白芽时，及时播种。经过处理的花椒种子播种后出苗快且整齐，发芽率高。若种子已发芽，还来不及播种时，可把混沙的种子取出，放在背风阴凉的地方，降低温度，以延缓种子萌发速度。

泥饼或粪饼处理：当用种量比较少时，也可以用泥饼或粪饼的方法处理。具体方法是：将种子与 2 份黄土、1 份沙土、1 份牛粪加水和成泥搅拌均匀，做成 3cm 的泥饼，贴在背阴防雨的墙上，或贮放在阴凉、干燥的空闲室内或门洞里，经过一个冬天的处理，次春将泥饼轻轻搓碎，或将种子筛出播种或连同泥饼土一并播种。也可将种子与 2～3 份鲜牛粪，加入少量的草木灰，混合均匀，捏成拳头大小的团，甩在背阴防雨的墙上，或成片涂在光滑的墙上，次年春天取下粪饼搓碎，连同牛粪一起播种。泥饼、粪饼处理时，因在处理过程中种子不发芽，故其贮藏的时间长。若春季因干旱不能及时播种时，可把泥饼、粪饼处理的种子继续贮放在阴凉干燥的地方，不使其受潮，待透雨后播种。经泥饼或粪饼处理保存的种子，因泥土和牛粪吸出了花椒种皮内的油性物质，在播种后，种子能快速吸收土壤水分，利于花椒种子萌动出芽，从而有效提高花椒种子出苗速度和出苗率。

（二）种子脱脂、催芽处理

若秋季来不及进行种子处理，种子阴干后，装入麻袋中或木箱中（不要封盖），置于干燥、阴凉的室内，避免阳光直射，防止受潮、受热和鼠害。不宜用水缸、水罐、塑料袋、塑料桶等不透气的容器或袋子装放种子，以免影响种子的呼吸作用，降低发芽率。

未经处理的种子，春季播种前要进行种子脱脂、催芽处理，以提高种子的发芽率。如果不经处理直接用冬季干藏的种子播种，需经 2 个月才能发芽，且出苗稀稀拉拉，种子出苗率也很低，即使出苗，苗木也比较弱小。有时会造成持续性出苗，前前后后出土的苗木大小差异明显，苗木质量明显降低。冬季干藏或新调入的种子（尤其是新调入的种子）处理前要进行检查。优良饱满的种子，种仁白色，胚和胚芽界线明显，若种仁浅黄，种皮灰暗，胚和胚芽界线不明显，则多为陈旧发霉的种子，大部分已失去发芽能力，不能用来育苗。

碱水或洗涤剂等浸种处理：按 1kg 水加 30g 碱面（碳酸钠）的比例，配成碱水，将种子倒入碱水中（以淹没种子为度）浸泡 3～5h 后，用力反复揉搓种子，去掉种壳外面的油脂及油脂中的抑制发芽物质，捞出后用清水淋洗 2～3 次，摊放在阴凉处晾干。也可用 2%的洗衣粉水溶液或 10%洗涤剂水溶液浸泡种子，方法与碱水浸泡相同。

碱水浸种脱脂后进行催芽，在背风向阳的地方挖一浅坑，将种子放在坑内，上面盖以透气的湿草袋或湿麻袋等物。每天翻动 1～2 次，种子和上面盖的草袋或麻袋要经常保持湿润；或将种子装入木箱、瓦罐或水桶中，上面盖上透气的湿物进行催芽。催芽过程中，每天要用清水冲洗一次种子。20%～30%种皮裂开露白时，既可播种。

开水烫种处理：将种子倒入种子体积两倍的开水中，迅速搅拌 2～3min，然后倒入凉水至 30℃～35℃，浸泡 2～3h，捞出种子倒入清水中继续浸泡 1～2d，脱脂吸水后，再进行种子催芽（同碱水浸种后催芽方法）。

温水浸种催芽：将种子放入缸中（或其他容器），倒入 60℃左右的温水，用木棍轻轻搅拌，待水降至常温后，换清水继续浸泡，每天换水 1 次，2～3d 后捞出，再进行催芽处理（同碱水浸种后催芽方法）。

三、播种

（一）苗圃地选择与平整

苗圃地选背风向阳、通风良好、有灌溉条件且土层深厚、肥沃、排水良好的沙壤土或壤土作为育苗地。涝洼盐碱地、黏土、纯沙土地，宿根草类过多的地方，不宜用来育苗。

秋季应深耕一次，来春及时耙耱以利保墒，整平后做床，宽1m，长5～10m。结合整地，每亩施腐熟有机肥2500kg。播种前要灌足底水。

（二）播种季节

分春季和秋季播种。

秋季播种，种子可不进行处理（若用脱脂处理的种子更好），翌年春季出苗时间早，出苗齐整且出苗率高，生长也较健壮。山地或旱地育苗时，秋播可以避开春季的干旱，播种后覆盖农膜，保证墒情，有利出苗，覆盖农膜的育苗地要适时检查，发现有种子萌动发芽，及时去除覆盖的农膜。秋季以10月中下旬播种为好，来春要及时镇压，使种子与土壤紧密结合，以利种子吸水发芽。

春季播种，在早春土壤解冻后进行，当10cm处地温达到8℃～10℃时为适宜的播种期（一般为3月中旬至4月上旬），播种前要随时检查，催芽处理种子的发芽情况，发现1/3的种子露白吐芽时，要及时播种。若来不及播种，要将种子移放在阴冷的地方延缓种子发芽。

（三）播种方法

分沟播和撒播两种方法。

沟播：在1m宽的苗床上开四条播种沟，行距20cm，每亩播种量10kg左右（不含秕籽的精选纯净种子），每千克种子5.5万～

6万粒。播种沟深3cm左右，沟底要平整，将种子均匀地撒播在沟内，覆土1cm左右，轻轻镇压，使种子与土壤紧密结合，上面覆盖塑膜或作物秸秆，以利保墒，待部分种子发芽出土时，及时撤去覆盖物。在干旱无覆盖物，尤其是旱地育苗，也可以在播种沟的上方覆土5cm左右,使之形成凸起的垄状，减少水分的蒸发，种子开始发芽出土时,再将覆土扒平，以利幼苗出土。

撒播：做1m宽的苗床，耙平苗床，将花椒种子均匀撒在苗床上，然后来回几次耙动苗床土壤，充分耙均匀耙平苗床，轻轻镇压，使种子与土壤紧密结合，上面覆盖塑膜或作物秸秆，以利保墒，待部分种子发芽出土时，及时撤去覆盖物；在较干旱的情况下，尤其是旱地育苗，也可以在播种沟的上方覆土5cm左右,使之形成凸起的垄状，减少水分的蒸发，种子开始发芽出土时,再将覆土扒平，以利幼苗出土。每亩播种量10kg左右（不含秕籽的精选纯净种子）。或撒播种子后，不用耙地，而是苗床直接覆土1cm左右，轻轻镇压，使种子与土壤紧密结合，上面覆盖塑膜或作物秸秆，以利保墒，待部分种子发芽出土时，及时撤去覆盖物；在干旱无覆盖物的情况下，尤其是旱地育苗，也可以在播种沟的上方覆土5cm左右,使之形成凸起的垄状，减少水分的蒸发，种子开始发芽出土时,再将覆土扒平，以利幼苗出土。

如果用的是泥饼或粪饼处理的种子，遇土壤干旱不能下种时，也可以等到雨季播种。

四、苗木管理

经过处理的种子，一般在播种后10～20d陆续出苗，为了培育健壮的苗木，必须加强苗期管理，适时间苗、除草、浇水、施肥、防治病虫害等。

（一）间苗

幼苗长到 5cm 高时，要进行间苗，定苗后的株距为 10～15cm，每平方米苗床留苗 35～40 株，间苗时要轻轻的拔除，尽量减少苗木的根系损伤。需要间除生长良好的苗木时，可以带土移栽到缺苗的地方，也可移栽到空闲地上，移栽苗木以 3～5 个真叶时效果最好。间苗前和移苗后，要进行灌水，移苗要在傍晚或阴天进行，苗木不易萎蔫，可有效提高移苗成活率。

（二）中耕、除草

为防止土壤板结，增强土壤的透气性，减少土壤水分蒸发，应及时中耕，以利苗木的生长和根系的发育。苗木较小时要浅锄（2～3cm），苗木长到 30～50cm 的可锄深一些（3～5cm）。旱地育苗时，松土保墒，结合间苗进行第一次除草，以后可结合中耕进行除草。除草要除早、除小、除了，以免杂草与苗木争水、争肥、争光，为苗木生长创造一个良好的条件。

（三）施肥、灌水

幼苗长到 5 月下旬开始迅速生长，至 6 月中下旬随着气温的升高，苗木进入生长最旺盛的阶段，也是需肥最多的时期，应及时追肥。第一次追肥于 6 月中旬进行，亩追施以氮为主的化肥（如磷酸二铵等）或复合肥 20kg，或腐熟的粪土 1000kg；第二次追肥于 7 月中旬进行。水地苗圃可把施肥与灌水结合起来，旱地育苗最好在雨后进行，苗行间开沟追肥。7 月下旬后停止追肥，以免苗木徒长影响木质化。

有灌水条件时，在春旱阶段要注意灌水。但在种子发芽出土前尽量不要灌水，防止造成地表板结，影响苗木出土。

花椒幼苗最怕水涝，除注意选地之外，雨季到来之前，要做好圃地排涝工作，以防雨季集水。

（四）病虫害防治

花椒苗期常见的虫害有蛴螬、蝼蛄、花椒跳甲、红蜘蛛、蚜虫等，常见的病害主要是幼苗立枯病、叶锈病等，具体防治办法，见病虫害防治部分。

第二节　嫁接苗培育

一、无性繁殖花椒优良单株选择

花椒不但可以种子育苗，也可以进行无性繁殖。无性繁殖可以保持母树的优良遗传性状，早结果、早丰产。无性繁殖不仅是一种繁殖方法，而且是建立无性系的一个重要手段。因此，把无性繁殖建立在花椒优良单株选择的基础上，才更具意义。长期以来，临夏花椒在当地各种生态环境条件下生长，形成了对当地不同立地类型的适应性，也造就了临夏花椒独特的生态学特性，使其对当地生态环境具有极强的适应性。在大面积的栽培中，花椒个体之间也产生了明显的差异，主要表现在三个方面，一是花椒寿命，有些花椒单株寿命在 50 年以上，而一些花椒单株寿命仅 10 年。二是抗病虫害的能力不尽相同，有些单株虽生长在病原菌多发区，且仍能健康生长；而有些单株尽管生长在病原菌少发区，但病害严重发生。三是有些单株树体结构合理，光照利用充分，株产量高且连年丰产；有些单株树体结构不合理，占地面积大，光资源浪费严重，产量低而不稳。出现以上三种差异固然有管理栽培条件的影响，但主要是椒树个体遗传品质的差异。为了不断提高花椒栽培质量，应从花椒种源质量抓起，开展花椒单株选优。据河北省林业科学院毕君等在《经济林研究》《国内外花椒研究概况》中报道："花椒为单性结实，即不经过授粉受精，果实和种子都能发育，而且种子具有发芽能力，属于无融合生殖，无融合生殖率为25%。"这说明单株选优对花椒来讲，更具有实际意义，若将花椒单株选优与优树种子育苗及优树无性繁殖（嫁接育苗）结合起来，可极大地推动临夏花椒栽培的良种化进程。为此，在临夏花椒主产区进行单株选优，对于无性繁殖的树种具有重要意义。对于有性繁殖的树种主要是用于杂交育种的亲本材料和种子园的建设材料。长期以来,临夏花椒采用种子繁殖，但花椒的单性结实特性（即不经过授粉受精，果实和种子都能发育，而且种子具有发芽能力，属于无融合生殖，无融合生殖率为25%），给花椒单株选优赋予了新的作用，换言之，就是花椒优树的优良特性在种子繁殖中，亦能较多的得到保持。通过从花椒优树上采种繁殖苗木，也能加快花椒栽培的良种化步伐；再通过建花椒优树种子园，生产优良种子，培育优质苗木，即可提高花椒造林质量。

（一）花椒优良单株选择

因各地海拔高度、气候、土壤、光照、水文等因素的不同，在花椒长期的栽培生产实践中，通过不同栽培管理措施和习惯，各地形成了许多优良的地方栽培品种，各栽培品种虽然都具各自的生物学特性和经济性状，但这些品种是作为一个总体而相对存在的，同一栽培品种在各个体间仍存在不少差异，有的个体（单株）具有各自一定的优良遗传性状，如丰产性状、特殊的果实品质性状，抗旱、抗寒性状，抗病虫害等。具有优良遗传性状的单株在花椒栽培区域是经常见到的，只是没有得到人们重视和关注，也没有去发现、去开发利用。如果在现有的栽培植株中选择一批优良单株，通过无性繁殖建立无性系，进而培育成新的品种，将促进花椒生产的良种栽培进程，实现花椒的优质、丰产栽培，进一步提高花椒生产的经济效益。花椒优树选择采用片、点、线相结合的调查方法对选优区域的刺椒进行调查，在 $0.033\sim0.333\text{hm}^2$（单行椒树在 100 株以上）的椒园中，将树龄在 10 年以上、生长旺盛、树体结构合理、产量高、无病虫危害且综合表现明显优于周围其他花椒树的单株入选为优树候选树，选择率在 1%以下；对单株综合表现无明显优于周围其他花椒树的椒园（片林），亦可不选优树候选树。对初选的优树候选树进行编号、标记，记录优树候选树所属乡、村、社、户和小地名，填写调查卡。

优树候选树调查包括四类因子，即树木类因子、立地类因子、人为因子等。树木类因子主要有：树龄、树高、主干径、主枝数、新梢生长量、冠幅、营养枝节间距、挂果枝节间距、三年内平均产量、一年生枝冻干程度；立地因子主要为地类、土壤、自然渍水状况和立地条件综合评价；人为因子主要包括间作农作物、灌溉条件和椒树管理程度。

（二）花椒优良单株的主要选择方法：

一是在花椒产区进行广泛调查走访，向地方椒农请教调查。

二是技术人员要深入实地调查数据，通过与周围健壮植株的对比分析，选择优良单株。主要调查内容为树体生长表现、单株产量、果皮品质、抗病虫害等抗逆性，详细记载数据，进行株间对比分析，确定优良单株。

三是通过多年的观察分析，单株花椒采收情况，了解花椒各种因子变异性状的年际变化，排除栽培管理措施、立地条件、气候条件和其他人为活动等外在因素对单株优良性状的影响程度。

四是当确认单株的优良表现特征是遗传因素决定的，不是客观因素造成的时候，要连同初选单株周围的健壮植株，通过嫁接育苗，进行下一代观察分析。

五是通过对初选单株下一代对比试验进行分析，若仍表现出原有的优良性状，便证明所选优良单株是成立的，确实具有优良的遗传性状，便可大量无性繁殖，建立无性系了。

六是花椒单株选优实施办法分为初选、复选和终选。

初选：在花椒主产区按照不同品种分别选择10龄以上的花椒林及散生椒树进行调查，选择生长旺盛、树体健壮、树形结构合理、无病虫危害、产量高、树势明显优于周围其他椒树的单株作为优树候选树。实地选优调查的具体方法是，采用片、点、线相结合的调查方法对选优区域的花椒进行调查，在0.5~5亩（单行椒树在100株以上）的椒园中，将树龄在10年以上、生长旺盛、树体结构合理、产量高，无病虫危害且综合表现明显优于周围其他椒树的单株入选为花椒优树候选树，选择率在1%以下；对单株综合表现无明显优于周围其他椒树的花椒园（片林），亦可不选优树候选树。对初选的优树候选树进行编号、标记，同一品种的花椒优树候选树之间，编号不得重复出现，记录优树候选树所属乡、村、社、户和小地名，填写调查卡。

复选：调查各优树候选树的树木因子、立地因子、环境因子和人为因子。树木因子包括树龄、树高、干径、主枝数、冠幅、新梢生长量、营养枝节间距、挂果枝节间距、近三年平均产量、流胶病发生程度和干枝程度；立地因子包括地类、土壤、渍水状况和立地综合评价；环境因子包括周围花椒树黑胫病发病率和感病指数；人为因子包括间作类型、椒园管理程度和灌溉条件。依调查数据，制定出《花椒优树复选细则》，按照细则，对各指标赋得分值，计算出各优树候选树的总分。

终选：在二次复选的基础上，对在同一块地（椒园）中，仅有一株树中选的直接确定为优树；对在同一块地（椒园）中，有两株以上中选为优树的，选其最高得分的为优树，其余的作为优树后备树。

二、嫁接繁育

当选出的优良单株需要扩大繁殖时，或当品质低劣、老化退化椒园需要改造时，可采用嫁接方法繁殖，嫁接砧木一般选用抗花椒流胶病且根系发达的八月椒。

（一）接穗的采集

嫁接一般分枝接和芽接两种，嫁接的具体方法不同，所要求的接穗亦有不同。

花椒枝接接穗的采集：在树木萌动发芽前 30d 采集接穗，选择树冠外侧发育充实，粗 0.5～1cm 的生长枝做接穗，剪掉皮刺和枝条上部发育不充实的枝段。将接穗建成 20cm 长的枝段，50 个为一捆包扎，在背阴的地方挖坑，用湿沙埋藏或用接蜡封好，低温存放，以免枝条发芽和枝条失水，也可将讲好的花椒接穗在菜窖内用湿沙埋藏。

花椒芽接接穗的采集：选取生长健壮、发育充实的一年生枝，接穗剪下后，将皮刺和复叶剪掉，只留 1cm 左右的叶柄，用湿毛巾包好，或放在桶内用清水将接穗浸泡起来（接穗长度 1/3～1/2 浸入水中），以减少接穗失水。用枝条中部充实饱满的芽子，因上部的芽不充实，基部的芽瘦弱，均不宜用。

（二）枝接

枝接在春季树液开始流动至花椒树发芽前这段时间进行。枝接有两种方法。

1．劈接

一般用于大树的枝接换优（选出优树后为加速繁殖种条或接穗，也可用大树枝接的办法）。

大树枝接换优时，将粗 3～5cm 的干枝锯掉，留 10cm 左右的枝桩做砧木。将枝条剪成 4～6cm 长的接穗，每个接穗上要有 2～3 个饱满的芽子，在接穗下端从两面削成平整光滑的楔形斜面，接穗削好后，要防止失水，不要沾上泥土（可以含在口中）。砧木选皮厚、纹理顺的地方做劈口，在干枝锯口中间用劈刀劈 3cm 左右劈口。撬开砧木切口（不得破坏皮层），小心地插入接穗，使接穗和砧木的形成层对准。若砧木较粗可在劈口两侧各插一个接穗，这样有利于分生组织的形成，接好后用麻或塑料条绑紧，若砧木切口已将接穗夹的很紧也可不绑。然后在接口处涂上接蜡，以防雨水渗入。若需改造的低劣植株较小时，可距地面 5～10cm 处选光滑通直的部位锯断，进行劈接。

2．切接

多用于 1～2 年生幼苗的嫁接，选 1～1.5cm 粗的苗木做砧木，在离地面 3cm 左右剪断，切口要光滑。在接穗下芽的背面 1cm 处斜削一刀，削掉 1/3 的木质部，斜面长 2cm 左右；再于另一侧斜削一个小削面，稍削去一些木质部，小削面长 0.8～1.0cm；在砧木皮层里侧略带木质部的地方，垂直切 2cm 的切口；将削好的接穗插入砧木的切口中，使接穗长斜面两边的形成层，与砧木切口两侧的形成层对准，靠紧，若接穗过细，要保证接穗一侧的形成层与砧木的形成层对准，用接蜡封口。接好后要注意保湿，用土把砧木和接穗全部埋住，埋土时接口以下用手按实，接穗上部的土要疏松一点，以利接穗芽子的萌发生长。

（三）芽接

芽接一般于 8 月中旬至 9 月上旬进行，以播种苗木为砧木，繁殖花椒优良单株苗木，或幼树嫁接换优时，多用芽接。以播种苗为砧木时，选粗 1cm 的 2 年生苗木，在距地面 30cm 左右的部位，皮层光滑无疤处，于迎风面用芽接刀切成"丁"字形切口，横切口 1cm 左右，竖切口 1.5cm 左右（深度以切开韧皮部用芽接刀剥开两侧皮层为度）。砧木接口切好后，选接穗中间部位饱满的芽子做接芽，先在芽的上方 0.3～0.4cm 处横切一刀，再在芽的下方 1cm 处，自下而上，由浅入深，削入木质部，削到芽上方横切口处。用手指捏住叶柄基部轻推，即可取下芽片。芽片取下后，用芽接刀挑开砧木切口的皮层，将芽片插入切口内，使芽片的上方与砧木的横切口对齐，然后用塑料薄膜条自上而下绑好。使叶柄和接芽露出，绑的松紧要适度，太紧太松都会影响成活。于第二年春天将接芽上方的砧条剪掉。无论是枝接还是芽接，砧木上萌生的嫩芽均要及时剪去，以免与接穗争夺养分。嫁接苗长至 50cm 左右时，可适当摘心，以促进苗木的加粗生长和萌发侧枝。

（四）嫁接苗木的管理

嫁接后 20～30d 时进行检查，若接穗的颜色是新鲜的（芽接时，接芽所带的叶柄轻轻一碰即掉），或接穗砧木已经愈合，说明嫁接成活了。成活后要适时解除捆绑的塑膜条，春季枝接于成活后 20d 左右解除塑膜条，秋季芽接当年不萌发，于第二年春季发芽前解除。

三、花椒苗木分级标准

按照《花椒苗木》标准 DB61/T72.2—2011 苗木等级划分指标确定Ⅰ级和Ⅱ级苗木。表 3-1。

表 3-1　花椒苗木分级标准

种类	苗龄	级别	地径（cm）	苗高（cm）	>5cm 的一级侧根数（条）	木质化程度
播种苗	一年生	Ⅰ	>0.6	>65	≥6	充分木质化
		Ⅱ	0.4~0.6	≥50	≥4	充分木质化

四、苗木出圃

目前，在实际生产中，各地并没有按照花椒苗木的标准进行分级造林。实际生产中只是根据栽植的一般需要，要求栽植的花椒苗根系发达，长度大于 15cm 以上，主侧根不少于 5 条，并有较多的小侧根和须根（二级侧根），苗干粗壮，地径在 0.7cm 以上，侧芽饱满，节间较短，发育充实，无病虫害。

花椒造林一般在春季进行，所以花椒树苗一般于春季挖掘起苗，如果苗圃地缺水干旱，起苗前要进行一次苗地灌水，这样就容易挖苗并减少起苗时对苗木根系造成损伤。起苗时要距苗木远一点的地方下镐（锹），挖的也要深一点，才能使苗木多带根系，不然起出的根系太短，好苗也变成次苗了。苗木起出后如不能马上造林，应挖一个深 40~50cm 的沟，将苗木假植以备栽植造林。

第四章　花椒建园

　　花椒是一种耐旱树种，与水果树相比，对于栽培条件及集约程度的要求都比较低，在干旱半干旱区适于山地或川塬撂荒地营造花椒园。临夏花椒产区主要分布在刘家峡库区周边的川塬灌区，并向周边山坡山沟深度延伸。其中山地、荒坡，栽植面积占比75%以上。这些地方有丰富的光热资源和丰富的土壤资源，适宜栽植花椒树。这些区域的缓坡地、坡地梯田，海拔高度低于1900m的地方可栽植临夏刺椒树，2200m以下可栽植临夏绵椒树。这些荒坡山地土地资源丰富，但是没有灌溉条件，制约了农林产业的发展。花椒树的耐旱耐瘠薄特性正好达到这些区域栽植花椒树的要求，而且这些地区的花椒产量比较高，经济效益较其他农林作物好，多种因素决定并促进了临夏花椒产业的快速发展。

第一节　园址的选择及规划

　　花椒是一个喜温喜光的树种，耐干旱但抗寒性差。所以，要选择适宜花椒栽植的地块建设花椒园，才能达到高产丰产。

一、园址选择

　　园址选择地势平坦、排水良好、土层深厚、土壤肥沃、质地疏松、pH值在6～8、垆土类黄麻土、沙壤土的宜林地、无立木林地和川塬耕地、山坡地等。临夏刺椒建园栽植要求海拔高度低于1900m，临夏绵椒建园栽植，海拔高度要求低于2200m。也可在该区域的地埂、路渠旁、房前屋后及庭院栽植。

花椒园址选择需要注意的问题：

一是海拔高度不宜超过2000m，大于这个高度，在一般年份能获得一定的产量，但遇低温年份，特别是倒春寒频发时极易遭冻害，严重时整个椒园遭到破坏。如有特殊的局部小气候，海拔可以适当的高些。

二是园址选择应选在背风向阳的阳坡、半阳坡的中下部。山坡上部风大，冬春季节易造成干梢。风口、山梁不能作为园址。

三是荒山荒坡建园，坡度不应大于25°。

二、园地规划

花椒园的园址选定后，要本着"因地制宜，节约用地，合理安排，便于管理，园貌整齐，面向长远"的原则。集中连片50亩以上园地，要进行全面、合理地规划设计。规划主要包括：栽植小区、道路系统、排灌系统和其他辅助设施等。规划前必须进行实地勘测并绘制出整个花椒园平面图，按图规划设计建园。一般辅助设施尽量不占用肥沃的耕地，并安排在花椒园中心位置和交通便利处。要绘出详细的花椒园规划布局图。各部分占地比例为：花椒园占地90%，道路系统占地3%，排灌系统占地1%，防风系统占地5%，其他辅助设施占地1%。

三、土壤改良

入冬前，对荒地、砂地以及肥力较差等地块，全园翻耕30～45cm冻垡；按定植行挖宽、深为60～80cm的定植穴（沟），按

5t/亩左右腐熟粪肥等，或 2.5t/亩商品有机肥与土混合均匀回填定植穴。对土壤肥力较好的园地，全园施 2～3t/亩优质有机肥浅耕，深度为 10～15cm。

第二节　整　　地

临夏地区花椒园一般建在川塬耕地和山坡地，在坡地上建设坡地椒园，必须注意保水保土，不能使土壤遭受雨水等冲刷；川塬耕地建设花椒园要注意花椒根茎部树盘要堆土起垄，否则在灌水或雨季会在树干基部造成积水而引起沤根或花椒树干、根部病害。因此，建园时进行细致整地是十分重要的，这是建园工作的前提，直接关系到椒园建设的成败。良好的整地方式有利于林地花椒树持续健康成长，实现丰产高产，也是生产高品质花椒的目的。

一、梯田式整地方式

（一）水平梯田和反坡梯田

临夏花椒大多栽植在荒山荒坡，为了便于管理，便于生产操作，需要整地成水平梯田。有一定坡度的山地水平梯田和反坡梯田的整地方式最为普遍，一是最适宜的整地方式。具体整地方式与一般农用梯田整地方法大体相同。田面宽度不应小于 2m，梯田外侧的高度，不低于 1m。在有些地点，把梯田田面修成外高里低的微坡面，梯田外侧较高，比内侧高 10cm 以上，即成反坡梯田。反坡梯田整理工程量较大，但是可有效防治暴雨对梯田田面和边缘的冲刷，既增加了梯田的保土蓄水能力，又减缓了田面阳光直射的强度，效果优于水平梯田。

（二）隔坡梯田或隔坡复式梯田

在坡度相对较陡的荒坡上建造梯田时，因垂直投影面积相对较少，每一阶梯田间相对高度较大，为了便于建设梯田，采用隔坡梯田整地方式，即两阶梯田之间间隔一段较大的距离。隔坡复式梯田，即在隔坡梯田（主梯田）的基础上，再于梯田的下方修一个高 30～50cm，宽 1m 的小梯田（辅助梯田）。

临夏地区山坡地花椒椒园，大都属于干旱半干旱气候，无灌水条件，所以在干旱季节或年份如何补给椒园水肥，是山坡地椒园栽培中一个重要的生产问题。采用隔坡梯田整地或隔坡复式梯田整地，有下面几个优点。

一是充分利用降雨，可以利用较大面积的隔坡地表产生的径流，增加梯田的水分墒情，可有效解决山地花椒园的水分补给问题。

二是辅助梯田，可以种植绿肥植物，就地压青，解决坡地椒园的养分补给问题。同时辅助梯田还可以预防因暴雨或其他因素造成的主梯田滑坡等灾害，起到固护主梯田的作用。

三是在土层较薄、土壤较少的石质山地，可以将隔坡地段的土壤填入主梯田，扩大梯田的土壤来源。从而有效扩大建园的立地面积。土层较薄的山地可采用隔坡梯田或隔坡复式梯田的办法建设花椒园。

梯田间的隔坡距离一般为 4～6m，间隔距离过大，虽然能产生更多的径流，但遇大雨、暴雨产生的径流超过梯田的下渗、容纳能力时，容易造成水土流失，把梯田冲垮。主梯田、辅助梯田均为反坡状，梯田外侧比内侧高 10～15cm。主梯田的规格与上述水平梯田相同。

二、鱼鳞坑整地

在建设梯田工程量较大或不愿建设梯田的山坡，可采用鱼鳞坑整地方式建设花椒园。具体方法是花椒造林前的前一年秋季或当年早春进行挖坑整地。在未平整出梯田的坡地采用鱼鳞坑整地，一般情况下鱼鳞坑为半圆形，外高内低，坑面水平或向内倾斜，外缘有土埂，排列成品字形，规格为长(横）1～1.5m，宽(纵）0.6～1.0m，坑间距 3m。

三、穴状整地

川塬灌区及平地采用穴状整地，规格 0.5m×0.5m×0.4m，整地时将表土填回穴底。于建园前一年秋季或当年早春进行。

第三节　栽　　植

一、栽植方法

将苗木放于挖好的栽植穴之前，先在穴底垫 10cm 厚的熟土，把苗木放入栽植穴，将熟土填在根系周围，填土没过花椒树苗根系时，轻轻提一下栽植的树苗，使根系自然舒展，防止根系倒置，填土完成后，提主苗木，将填土踏实。栽植深度比苗木的原土印深 5cm 左右，栽好后，做直径为 50cm 的栽植树盘，便于浇灌定根水。树苗成活后，在苗木周围堆一个直径 60cm 左右，高 15～20cm 的小土堆，防止树根基部积水沤根。第二年春季立即检查造林成活情况，及时补植死亡花椒苗木。

二、栽植时间

花椒春季和秋季均可栽植。春季宜早不宜迟，土壤刚解冻时，土壤湿度大，花椒苗木还未萌动，此时效果最好，造林成活率高。一旦造林时，也可采用萌动之后的花椒苗木造林，但是造林成活率将明显降低，所以异地造林时一定要提前安排整地，同时做好苗木购买、运输等工作。春季土壤干旱，大面积造林时，亦可于花椒生长的雨季趁墒栽植，用裸根花椒苗木造林时，要去大部分叶片，以减少苗木水分蒸腾，亦可采用压苗法栽植，压苗栽植时可不必剪除叶片，由于埋入土中的苗干比例大，栽植后基本没有缓苗期。秋季造林一般在花椒苗木即将进入休眠以后，树木开始落叶时进行，须灌足冬水，海拔较高、气候较寒冷的地方栽植后可用土将苗干埋起来，以防花椒苗木被冻伤或风干。

三、栽植密度

在山坡地栽植时，因花椒品种不同，株行距需要调整。株形相对较小的花椒品种，一般株距为 3m，株形较大的品种，株距为 4m。行距视梯田宽度而定，梯田田面较窄，小于 3m 的梯田一般栽植一行，坡度较缓的地方，梯田田面达到或超过 4m 时，可栽植两行，栽植穴按"品"字形排列。川塬水平耕地栽植密度一般为株距 3m，行距 4m。

四、苗木的沾根处理

山坡地椒园没有灌水条件，土壤一般比较干旱，为了提高栽植花椒成活率，栽植前需要进行苗木沾根处理，可选用国光生根剂 50～100mg/kg 的溶液浸根 2h 左右，或用保水剂泥浆（100kg 土加 0.5kg 保水剂，做成稀泥状）沾根处理，可有效提高花椒造林成活率。

五、品种配置

花椒一般不配置授粉品种，但花椒收摘比较费工，在建立大面积椒园时，要注意早熟晚熟品种的搭配，以延长整个椒园的采收期。如果品种单一，成熟期集中，会给适时采收带来一定的困难。临夏刺椒成熟较早，绵椒成熟较迟，两个品种前后错开采收时，采收期可延长 1 月以上，所以多以两个品种进行搭配，效果很好。绵椒和刺椒两个主栽品种栽培遵循刺椒栽植在海拔较低、热量充足、灌水方便的川塬耕地或降雨量高的山坡地，绵椒栽植于海拔较高、比较干旱的山坡地。

第五章 花椒整形修剪技术

合理科学的整形修剪可促进花椒树的持续发展，促使花椒树制造更高的经济价值，提高花椒产量和商品率。

在花椒树修剪中，既要创造更高的经济效益，同时还要兼顾可持续发展。因此，花椒树的科学修剪就尤为重要。整形修剪对于花椒树来讲，是一项十分重要的管理技术措施，合理的树体管理，不仅能形成良好的树体结构，提高光能利用率，实现丰产，而且通过树体管理，使花椒树与土壤间的水肥供需矛盾尽可能达到平衡，达到持续丰产的目的。当前，临夏花椒产区不注意整形修剪或修剪不科学、不到位，严重影响了花椒园效益的发挥。

第一节 枝芽名词解释

一、树形术语

（一）主干

从地面到第一层第一主枝下部的枝干。

（二）中心干（中心领导干）

第一层第一主枝上部直立生长的粗大枝干。

（三）主枝

从中心主干上分生出来的大枝条。

（四）侧枝

从主枝上生长出的小枝条。

（五）结果枝组

是着生在各级骨干枝上、有两次以上分枝的小枝群，它是构成树冠、叶幕和结果的基本单位。按体积大小分大型枝组、中型枝组、小型枝组。按着生部位分水平枝组、斜生枝组、下垂枝组。

（六）辅养枝

着生在中心干的层间和主枝上侧枝之间的大枝。辅养枝的作用是辅养树体，均衡树势，促进结果。在主、侧枝因病虫为害或意外损伤而不能恢复时，可利用着生位置较好的辅养枝按主、侧枝要求加以培养，以代替原主、侧枝。辅养枝分短期辅养枝和长期辅养枝两类。

（七）延长枝

指中心干、主枝、侧枝等先端继续延长的发育枝。它有扩大树冠的作用，冬剪时应在饱满芽处进行短截。

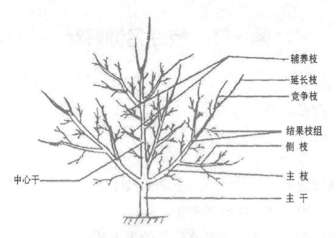

图 5-1　各类枝名称图

二、枝条类型

枝条按生长和结果性质，可分为营养枝和结果枝。

（一）营养枝

未结果的发育枝。其主要作用是生长发育，积累营养转化为结果枝。依枝龄分为新梢、1 年生枝、2 年生技和多年生枝（图 5-2）。

1. 新梢

春季叶芽萌发的新枝，叶片脱落以前称新梢。

2. 1 年生枝

新梢落叶后至第二年萌发前。按枝条长度分为短枝、中枝和长枝。

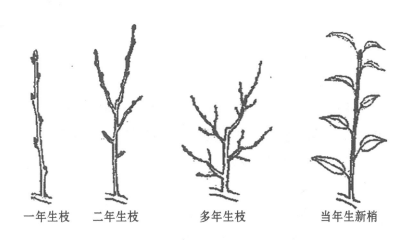

| 一年生枝 | 二年生枝 | 多年生枝 | 当年生新梢 |

图 5-2　枝条年龄

3. 短枝

枝长在 5cm 以下的 1 年生枝。

4．中枝

枝长在 5～30cm 之间的 1 年生枝。

5．长枝

枝长在 30cm 以上的 1 年生枝。

6．2 年生枝

1 年生枝萌发后至下年萌发前。可培养成中、小型结果枝组。

7．多年生枝

3 年生以上的枝。可改造成大型结果枝组。营养枝按修剪中的作用不同又分成发育枝、徒长枝和竞争枝。

8．发育枝

生长健壮的长枝，常用作扩大树冠，培养骨干枝的延长枝。

9．徒长枝

由隐芽萌发出的生长旺盛的枝条。常表现节间较长，组织不充实，芽不饱满。一旦徒长枝影响树体光照，消耗营养，多被疏除掉。少数用于培养结果枝组和更新老树。

10．竞争枝

与骨干枝生长势相竞争的枝。一般骨干枝的延长枝短截后发出的第二枝为竞争枝，多被疏除，少数用来转主换头，即将原骨干枝延长枝去掉，用竞争枝代替原骨干枝的延长枝。个别重剪或控制改造后可结果。

（二）结果枝

1．着生花芽并能开花结果的枝

根据结果枝长短可分为短果枝、中果枝、长果枝和果胎副梢。

2．短果枝

枝长在 5cm 以下，顶部着生花芽的枝。为花椒树主要结果部位，应注意培养粗壮的、花芽饱满的短果枝。

3. 中果枝

枝长在 5～15cm，顶部着生花芽的枝。在初结果树和小年树上多保留中果枝结果。

4. 长果枝

枝长在 15cm 以上，顶端着生花芽的枝。长果枝在幼树、旺树或小年树上多留作结果，而在弱树和大年树上多短截留作预备枝。

5. 果胎副梢

结果枝结果后留下的膨大部分为果胎，果胎上侧生分枝为果胎副梢。

6. 短果枝群

果胎上连续形成较短的果胎枝，几年后多个短果枝聚生成枝群。果胎上抽生 1 个果胎枝，连续单轴结果，形成姜形枝，称为姜形枝群。果胎左右两侧抽生 2 个果胎枝，由于多年连续结果，形成鸡爪状枝，称鸡爪状枝群。短果枝群在修剪中应注意更新复壮。

三、枝芽特性

花椒树因品种不同，成枝力强弱也有所不同。

（一）萌芽力

指1年生枝上芽萌发的能力，常用发芽数占总芽数的百分率表示。

（二）成枝力

指 1 年生枝上芽萌发生长长枝的能力，常用抽生长枝数占萌芽数的百分率表示。萌芽力和成枝力是决定修剪特点的重要特性。

（三）顶端优势或极性

顶端和高部位的枝芽生长旺盛的特性：位于顶端或高部位的

枝芽优先得到较多的水分和养分。1年生枝短截后，剪口下第一芽生长最旺，形成长枝，向下各芽的生长长度依次递减；将1年生长枝拉成水平，多在枝条中部发出长枝，向枝的两侧发出的枝依次递减；如将枝拉成下垂状，枝的弯曲部位处于最高部位，生长出长枝，向枝的先端依次递减。

花椒树的枝条比较硬且脆，有些品种枝条角度开张小，用人工拉枝等开张角度极易劈裂和折断，用撑、拉、别等方法开张角度时，在生长季节新梢生长即将停止，尚未完全木质化时进行则效果比较好。

第二节　修剪季节及方法

一、修剪季节

修剪季节分冬季修剪和夏季修剪。冬季修剪从落叶到发芽前进行，其方法主要有：短截、回缩、长放、疏枝等方法。夏季修剪在生长期内的修剪，主要用于幼树，其方法主要有：摘心、环剥、拿枝、刻伤、弯枝、扭梢、绞缢等方法，应用得当，能缓和生长，促进花芽形成。

二、修剪方法

（一）冬季修剪方法

1. 短截

剪去一年生枝的一部分，叫短截。花椒树极少在生长季节短截，这主要用于冬季修剪。短截改变了枝条顶端优势，有促进营养生长，增强枝势和树势的作用。短截依程度可分为轻截、中截、重截和极重截。由于芽的异质性影响，不同的剪截程度，其反应不一样，且因枝条的着生位置和生长状况不同，而略有差异。一般枝条生长势强，短截则反应强烈；反之，反应弱。

轻短截：剪去枝条前部的 1/5～1/4，即只剪去枝条顶端的数芽，叫轻短截。花椒发育枝轻短截后，一般剪口下萌发 2～3 个中庸枝条，其下芽萌发后形成较多的短枝。如果是细弱枝，轻截刺激生长的作用不明显。如果是背上直立旺枝，即使轻截，仍会萌发较旺的枝条。

中短截：在一年生枝条的饱满芽处短截，约剪去枝条长度的 1/3～1/2，叫中短截。中短截对枝条刺激生长的作用较强，一般剪口下萌发 2～4 个较强的中长枝，其下萌发短枝。对中弱枝中截，能较好地刺激生长。若对强旺枝中截，则会促使其生长更旺，形成短枝较少。

重短截：剪去枝条长度的 1/2～2/3，叫重截。花椒树枝条重截后，一般剪口下发生 1～2 个旺枝，多数为剪口芽旺盛生长，其下萌发很少的短枝，刺激营养生长的作用强。

极重短截：在一年生枝条基部留 3～4 个瘪芽后进行剪截，叫极重截。花椒树枝条极重截后，在基部抽生两个较弱的分枝，或一强一弱的分枝。有的枝条基部芽的萌发能力差，由枝条着生的母枝上的副芽萌发成较弱的枝条。因此，花椒树一般不进行极重截。有人在花椒幼树整形时，利用极重截控制主枝或中心干的长势，想以此来防止前强后弱或上强下弱现象的出现，这是不正确的。

短截的应用：短截促分枝，培养树体骨架，花椒树幼树整形期间，树体骨架的形成，一般是通过短截来实现的，包括主枝、侧枝等的培养。以培养主枝为例，其基本过程如下：通过短截，剪口下发生一个延长枝，一个竞争枝，下面发生中、短枝。之后疏去竞争枝，对延长枝继续短截发枝。其下短枝顶芽延伸的发育枝，也可经短截后培养成侧枝或枝组。利用短截培养花椒树主、侧枝的过程：①对主枝轻截。②疏去竞争枝，延长枝继续轻截，剪口下第二枝可用于培养侧枝或结果枝组。③延长枝、竞争枝的处理同前，短枝延伸的中长枝及较好的果胎枝，同样可通过短截培养成侧枝或结果枝组。

短截可增强枝条、促进枝组生长势。花椒树短截后，将贮藏养分集中供应给保留下的芽，使其萌生出发育枝，增加枝叶量。因此，有促进营养生长的作用。当树势下降时，对中弱发育枝进行适当的短截，可起到恢复树势的作用。但反过来，对旺树旺枝若短截过多，则更会促进旺长，不利于成花结果。

利用短截增强花椒树弱枝的长势：①细弱长枝短截后可集中养分。②衰弱枝组上的发育枝短截后可恢复枝组长势。

利用短截培养结果枝组，对生长较弱的枝条，可先轻截，发生分枝后回缩培养小型结果枝组。

对花椒树腋花芽果枝剪留3～5个腋花芽，结果后培养为中小型枝组。

利用短截改变枝条的延伸方向、剪口外芽、开张角度；若留上芽，可抬高枝条的延伸角度；若留侧芽，可改变枝条的延伸方向。此法开张花椒树骨干枝角度。在花椒树枝条上选择着生位置合适的芽，作为萌发延长枝的芽，在其上一个芽上进行短截。等到它发枝后，再将其剪除，保留所选芽发出的枝条，作为该骨干枝的延长枝。

2. 回缩

将多年生枝剪去一部分叫回缩。回缩减少了枝芽，使贮藏养分集中供应，同时改变了养分流通的方向和途径，使枝群中后部分枝得到较多养分。因此具有更新复壮作用。回缩程度及其反应回缩的程度，与剪口附近所保留分枝的粗度与剪口粗度、被回缩枝的长势及剪口下所留分枝的状况等有关。

轻回缩：轻回缩所留分枝粗度大于剪口粗度的以上，多是在多年生枝前部回缩。轻回缩对被剪枝的刺激作用小，能较好地促进剪口枝的生长和被剪枝枝势的恢复。

中回缩：所留分枝粗度与剪口粗度相近，多是在多年生枝中部回缩。中回缩可使剪口枝和被剪枝旺盛生长。如果所留剪口枝过小，其后部又有生长较旺盛的分枝，则对后部旺枝的刺激作用较强。

重回缩：所留分枝粗度在剪口粗度的以下，多是在多年生枝后部回缩。由于重回缩所留分枝多是较弱小的枝，所以重回缩对所留枝的复壮作用不明显。倒是由于剪掉了大量的枝芽，对树体的削弱作用较大，且易使被剪枝发生大量徒长枝。

回缩一是可增大尖削度，使树体骨架牢固。通过回缩，将所留枝继续作骨干枝的延长枝，其分枝的粗度逐级减小，尖削度增大，因此骨架牢固。二是改变骨干枝或枝组的延伸方向，当骨干枝或枝组的延伸方向不适宜时，选留延伸方向适宜的分枝进行回缩，包括利用背下分枝开张角度和背上枝抬高角度，以及延长枝伸展方向的进行调整。三是恢复树体或枝组的生长势，当树势衰弱时，或枝条连年延伸拖拉冗长下垂时，选留壮枝进行适度的回缩，可以恢复树势或枝势。控制交叉和重叠、改善风光条件。当树体出现交叉和重叠时，如果将交叉重叠枝全部疏除，则显空缺。这时，可回缩一部分，保留一部分，使枝组分布均匀。四是培养结果枝组，采用回缩手段培养结果枝组，如先放后缩法或大枝改造法等。五是促进花芽发育，使花芽充实饱满。花椒树的一年生发育枝缓放成花后，为促进花芽发育，使花芽充实，可在保留适当数量的花芽后，对其进行回缩，俗称"见花截"。

3．疏枝

将一年生枝或多年生枝从基部去除，叫疏枝。

疏枝对树体的影响：从总体上讲与回缩相似，减少了树体的枝芽，有集中营养的作用；但从局部上讲，疏枝一般是对上位枝的生长势有削弱作用，对下位枝的生长势有增强作用，且这种作用随被疏枝的大小而变化，疏枝越大，作用越强。

疏枝的应用：一是疏背上旺枝和直立徒长枝，改善风光条件。有时虽然上面有些花芽且质量较好，但保留下来负面影响较大，久而久之，形成"树上长树"的现象，严重影响树体的风光条件。因此，对背旺枝和直立枝应及时予以疏除。二是疏乱生枝和过密枝，使分布均匀。树体内部"穿膛枝"，影响结构，应疏除。主干上发生的整形部位以外的枝，要及时疏除，以防树形紊乱。当枝（组）出现拥挤和交叉重叠现象时，应疏缩配合予以解决。

平衡树势：上强下弱或前强后弱时，要抑上促下或抑前促后。即疏除上部的大枝与旺枝，削弱上部或主枝前部的长势，再配以对下部或后部枝多截少疏的修剪措施，能促进下、后部枝的营养生长。疏枝也可用于平衡主枝间的生长势，即对长势强的主枝多疏少截，而对长势弱的主枝多截少疏。疏除弱枝，集中养分，花椒树树体内部萌生的弱枝、结果后萌生的弱果胎枝和多年结果后形成的弱枝组，可进行适当的疏除，短果枝群上有些弱芽（包括弱花芽），也可疏除一部分，注意疏弱留壮；疏除竞争枝，保持延长枝优势，花椒树延长枝下出现竞争枝时，应予以疏除，以保持延长枝的优势。

疏枝注意事项：第一，疏枝要彻底，锯口要平，以防留桩再萌新枝。疏枝时，对大锯口要涂抹石硫合剂或其他药剂，进行消毒保护。第二，防止"对口伤"和"连口伤"。当树体骨干枝上某一相邻地方连续着生或对生两个大枝都应控制时，一般是先疏除一个回缩另一个，以后再视其反应进行处理；而不应同时疏除两个枝，以防止同时疏除形成对口伤或连口伤，严重削弱前部枝条的长势。

4. 缓放

对一年生枝不剪不疏，任其生长，叫缓放。缓放不剪，使养分分散在多个芽上，有缓和枝条长势，促进发育枝成花的作用。但是，枝条的着生状况不同，缓放结果也有差异。

缓放的反应：第一，背上直立枝缓放，常常是顶芽萌发旺枝，继续延伸，其下萌发中枝，再下面萌发短枝。直立枝缓放，增粗作用十分明显。第二，斜生中庸枝缓放，多是顶芽继续延伸，其下发生数个中枝，在下面形成较多的花芽。第三，弱枝缓放，常是顶芽单轴延伸，其下形成大量花芽。第四，内膛细弱枝，多是顶芽发育充实，侧芽不明显。对其缓放后，若顶芽是花芽，则次年开花结果；若顶芽是叶芽，则继续延伸，营养及光照条件好时可形成果枝。

缓放的应用：第一，缓和枝条长势，促进成花。第二，培养结果枝组。中庸枝缓放可抑制营养生长。比如先放后缩法。

缓放注意事项：三不宜，即背上直立枝不宜，徒长枝不宜，竞争枝不宜。对背上直立枝进行缓放，会越放越大，以致占据大量空间；对徒长枝进行缓放，会使其多年难以成花；对竞争枝进行缓放，会更加影响延长枝的生长。因此，必须对以上枝加以处理，如拉、别使其变向或疏除。

5. 刻芽

春季萌芽前，在枝干上芽的上方横刻一刀，深达木质部，叫刻芽。

花椒大多成枝力低，在幼树整形时常难以抽生足够的枝数，因此，可利用刻芽促发长枝。刻芽多在定植后整形时应用，既可在芽上进行，也可在短枝上进行，促进短枝（营养枝）抽发长枝。

6. 抹芽

枝干上的芽萌发后，及时把它抹除，叫抹芽或除萌。抹芽多用于大枝剪锯口处、主干基部及其他非需要处发生的萌芽，以节省养分。

抹芽要及时，以防萌蘖过大而消耗养分。

7. 拉枝

用绳索将枝干拉弯，叫拉枝。

拉枝改变了顶端优势，缓和了枝势，促进了后部枝芽的萌发生长。拉枝常用于开张枝条角度，调整枝干延伸方向和促进成花。

拉枝的效果远好于单纯使用剪锯，因此，拉枝是幼树整形中一项重要的技术措施。

（二）夏季修剪方法

1. 摘心

在花椒树生长季节，对未停止生长的枝，摘去顶端幼嫩的梢尖，叫摘心。图 5-3。

摘心后，被摘心枝上的叶会很快转为功能叶，制造养分。因此，摘心多用于幼树整形和果胎副梢整形，以防止果胎副梢旺长，与幼果争夺养分。

在南方地区，花椒树生长季节长，摘心后一般会继续发出较长的副梢。因此，摘心要待枝梢有一定生长量后进行，一般中壮发育枝要有7～10片叶以后进行，不宜过早摘心。对秋后萌发的秋梢，也可采用摘心的方法处理。

摘除幼嫩的梢尖，一般在5月下旬至6月上旬进行，可抑制生长、促发分枝，培养枝组，并促进花芽分化。8月进行摘心可控制旺梢生长。

图5-3

2. 扭梢

5月下旬至6月上旬，当新梢基部半木质化时，用手握住基部（5～6cm处）轻轻扭转180°，可减弱直立旺梢的生长势，促进短枝和花芽形成。

3. 拿枝（捋枝）

指用手握住新梢下部，向下、向上移动并弯曲新梢，听到响声而不折断。常用于幼树旺枝、竞争枝，可缓和生长，促进发育枝和花芽形成。图 5-4。图中（1）为拿枝方法，（2）为拿枝反应。

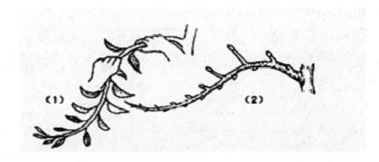

图 5-4

4. 环剥（环割、环锯）

指在树干或枝条基部剥去一圈宽 0.8～1.2cm 的树皮。花期或花前进行可提高坐果率；5 月中下旬至 6 月下旬进行可促进花芽分化。

5. 刻伤

指用刀横切枝条皮层，深达木质部。在 1 年生枝条芽的上方刻伤，对芽有促进作用，而在芽的下方刻伤，对芽有抑制作用。

第三节　主要丰产树形的整形修剪技术

根据花椒的生长特点和山地的自然情况，各地多采用自然开心形或半球形状。其中以自然开心形最为常见。

一、自然开心形

一般花椒树主干高 30～40cm。在主干上均匀地分生 3～4 个主枝，基角 40°～50°，每个主枝的两侧交错配备侧枝 2～3 个，构成树体的骨架。在各主枝和侧枝上配备大、中、小各类枝组，构成丰满均衡、结构合理的树冠树形。自然开心形，符合花椒自然特点，长势较强，骨架牢固，成形快，结果早，各级骨干枝安排比较灵活，便于掌握，容易整形。

自然开心形树形在不同方向的 3 个一级主枝上，第二年在每个一级主枝顶端萌生的枝条中选留长势相近的 2 个对生的二级主枝。以后再在二级主枝上选留 1～2 个侧枝。各级主枝和侧枝上配备交错排列的大、中、小枝组，构成结构合理，枝组丰满的树形。这种树形的特点是，通风透光良好，主枝尖削度大，骨干枝牢固，负载量大，寿命长，可最大限度地实现花椒丰产稳产。

二、自然开心形的树形培养

（一）定干

花椒树干高对冠高、冠形、树冠体积有着很大的影响。树干越高，树冠越高，成形越慢，树冠体积越小，结果是加大了对树冠管理操作和花椒采收的难度，一定程度上加大了工作量，致使单株产量降低，经济效益低下。山坡地椒园立地条件差，栽植密度大，管理操作难度高。由于地形原因，山坡地风较多，风速也较大，因此花椒树干宜矮不宜高。

定干一般结合栽植同时进行。通常定干高度 40～60cm，一年生苗木，定干时要求剪口下 10～15cm 范围的整形带内有 6 个以上饱满芽。苗木发芽后，除计划保留的枝条，把其他芽子萌发的嫩枝要及时抹除，以节省养分，促进保留枝条的快速生长。用 2 年生苗木造林时，根据侧枝分布情况，在 40～60cm 处将苗木顶梢剪去，剪口下留 4～5 个侧枝，并根据侧枝的生长情况适当进行短截。

（二）主枝的选留

花椒的成枝能力比较强，造林当年的 6 月下旬，新梢即可长到 30cm 以上，这时既可初步选定 3 个主枝，其余新梢全部摘心，抑制其生长，作为辅养枝。落叶后选留主枝，主枝要错落开一定距离，使 3 个主枝间隔 15cm 左右，这样主枝牢固，成龄后不易劈裂。3 个主枝要向不同方位生长，使其分布均匀，3 个主枝间的水平夹角约 120°，主枝基角 40°～50°。水平夹角和基角不符合要求时，可用拉枝、支撑等调整主枝角度的办法解决。主枝间的长势力求均衡。当主枝强弱大小不太均匀时，则采取强枝重剪、弱枝轻剪的方法进行控制，使三个主枝生长势达到基本平衡的水平。3 个主枝以外的枝条，凡重叠、交叉、影响主枝生长的一律从基部疏除。不影响主枝生长的较小枝条，可适当保留作辅养枝，利用其早期结果，以后视情况决定留舍。

（三）主枝的培养和第一侧枝的选留

第二年冬季修剪任务，主要是继续培养主枝和选留第一侧枝。一是对各主枝和延长枝进行短截，选留好延长枝。延长枝可适当长留，长度为 35～45cm。采用强枝短留、弱枝长留的办法，使主枝间均衡生长。主枝延长枝的剪口芽应选留饱满芽，以确保剪口枝的长势。同时，应注意剪口芽的方向，用剪口枝调整主枝的角度和方向。二是选留各主枝上的第一侧枝。第一侧枝距主干 30～40cm。选平侧或上侧的枝条为第一侧枝，尤以上侧枝为主，在没有上侧枝时，可选留平侧枝。侧枝与主枝的水平夹角以 50°左右为宜，各主枝上的第一侧枝，要尽量同向选留，防止互相干扰。三是控制竞争枝，若竞争枝长势很壮，生长量超过了主枝和延长枝，且所处的空间位置又很合适，可用竞争枝代替延长枝作为枝头，其他竞争枝一律从基部剪除。

（四）定植后第三年的修剪

以培养花椒树的主枝和侧枝为主，同时选好主枝上的第一侧枝，通过修剪培养一定数量的结果枝组。主枝的延长枝可适当长留，一般留40～50cm。控制或疏除竞争枝，均衡各主枝的长势。主枝上的第二侧枝，要选在第一侧枝对面，相距25～30cm处的枝条。最好是上侧或平侧的枝条，第二侧枝与主枝的夹角，以45°～50°为宜。对于骨干枝以外的枝条，在空间结构允许、不影响骨干枝生长的情况下，应尽量多留，增加树体总生长量，迅速扩大树冠。及时疏除过密的长旺枝、直立枝，其余枝条轻剪缓放，使其早结果，待结果后，再根据情况适时回缩或甩放。

第四节 不同龄期花椒树的修剪技术

一、结果初期的树体修剪

花椒树定植后第三年或第四年开始至第六年为结果初期，在这个时间阶段，既要保证花椒树适量结果，又要注重花椒树的修剪，继续培养骨干枝组，在保持其比较强势的营养生长的同时培养结果枝组，把花椒树冠培养成结构合理、里外通透的丰产树形，为结果盛期花椒树的高产稳产打下良好的枝组基础。

（一）骨干枝

骨干枝的延长枝剪留长度应比以前短一些，一般剪留30～40cm，粗壮的可适当长一点，延长枝的开张角度保持在45°左右。树龄6年生左右时，若树内膛有空间，可在主枝上选向内生长的侧枝来填补内膛。对长势强的主枝，可适当疏除部分强枝，对弱主枝，可少疏枝，多短截，增加枝条总量，增强长势。在一个主枝上，要维持前部和后部生长势的均衡。根据情况采取疏枝、缓放、短截等措施进行控制。

（二）辅养枝

未被选为侧枝的大枝，可做辅养枝培养，既可以增加枝叶量，积累养分，又可增加产量。只要不影响骨干枝的生长，应该轻剪缓放，尽量增加结果量。影响骨干枝生长时，视其影响的程度，或去强留弱、适当疏枝、轻度回缩，或从基部疏除。

（三）结果枝组

结果枝组是骨干枝和大辅养枝上年年结果的多年生枝群，是结果的基本单位。花椒连续结果能力强，容易形成鸡爪状小结果枝组，这种枝组虽培养快，但寿命较短，也不容易更新，所以必须注意配置较多的大、中型结果枝组。特别是在骨干枝的中、后部，初果期就要注意培养大、中型结果枝组，进入盛果期以后再培养大中型结果枝组就比较困难了。培养大型结果枝组，可于第一年、第二年连续两年短截，培养延长枝，第三年再适当回缩。培养小结果枝，可于第一年短截，第二年缓放。各类结果枝组在干枝上应交错分布。

二、盛果期的树体修剪

一般定植 6～8 年后花椒树进入盛果期，该时期的花椒树修剪的主要任务是维持健壮而稳定的树势，继续培养和调整各类结果枝组，维持结果枝组的长势和连续结果能力。

（一）骨干枝

盛果期后，外围枝大部分已成为结果枝，长势变弱，可用长果枝带头，使树冠保持在一定的范围内，适当疏间外围枝，以增强内膛枝条的长势；骨干枝的枝头开始下垂时，应及时回缩，用斜上生长的强壮枝组复壮枝头；要注意采取抑强扶弱的修剪方法，均衡各级骨干枝之间的关系，维持良好的树体结构；枝条密挤时要疏除多余的辅养枝，有空间的可回缩改造成大型结果枝组。

（二）结果枝组

小型枝组容易衰退，要及时疏除细弱的分枝，保留强壮分枝，适当短截部分结果后的枝条，复壮其生长、结果能力。大型枝组一般不易衰退，应控制生长势力，把直立枝组引向两侧，对侧生枝组不断抬高枝头角度，采用回缩方法，控制延伸，以免枝组产生前强后弱的现象。进入盛果期后，已结果多年的结果枝组要及时进行修剪。一般采用回缩和疏枝相结合的方法，回缩延伸过长、过高和生长衰弱的枝组，在枝组内疏间过密的细弱枝，提高中、长果枝的比例。在修剪中更需注意骨干枝后的中、小枝组的更新复壮和直立生长的大枝组的控制。

（三）徒长枝

花椒进入结果期后，常从根颈和主干上发出萌蘖枝，消耗养分，影响透光，扰乱树形，要及早剪掉。剪除萌蘖枝是夏季的重要管理措施。对于骨干枝后部或内膛缺枝部位萌发的徒长枝，可改造成为内膛结果枝组，增加结果部位。徒长枝改造成为内膛结果枝组时，应选择生长中庸的侧生枝，夏季生长至 30～40cm 时摘心，冬剪时再去强留弱。

三、放任生长花椒树的修剪

放任生长的花椒树骨干枝多，枝条紊乱，内膛空虚，枝条细弱，产量低而不稳。放任生长椒树的修剪改造，应从改善树体结构、复壮枝头、增强主侧枝的长势着手。

（一）修剪方法

放任生长椒树的树形多种多样，一般多改造成自然开心形，有的也可改造成自然半圆形，无主干的改造成自然丛状形。放任生长树一般大枝（主侧枝）过多，修剪前，首先要对树体进行细致的观察分析，根据空间对大枝进行整体安排，疏除严重扰乱树形的过密枝和中、后部光秃严重的重叠枝、交叉枝。骨干枝的疏除量大时，可有计划地在2~3年内完成，有的可先回缩，以免一次疏除过多，使树体失去平衡，影响树势和当年产量。树冠的外围枝大多数为细弱枝，有的成下垂枝，对于影响光照的过密枝，应适当疏间，下垂的要适当回缩，抬高角度，使枝头既能结果，又能抽生比较强的枝条。

骨干枝上萌发的徒长枝，无用的要在夏季及时疏除，同时应合理利用徒长枝，根据空间大小，有计划地培养内膛结果枝组，增加结果部位。内膛枝组的培养，应以大、中型结果枝组为主，以斜侧枝组为主。

（二）分年改造

大树改造修剪，可分3年完成。第一年，以疏除过多的大枝为主，总体上解决大枝过密问题，同时要对主侧枝的领导枝进行适度回缩，用角度小、长势强的枝组代替枝头，以复壮主、侧枝的长势。第二年主要是结果枝组的复壮，回缩延伸过长、方向不正、生长过弱的枝，选留好枝组的带头枝，增加长势，稳定结果部位；疏间细弱的结果枝，增加中、长果枝的比例；有选择的利用主侧枝中、后部的徒长枝培养成结果枝组。第三年，继续养好内膛结果枝组，增加结果部位，更新衰老枝组。

第六章 花椒园地管理

由于花椒园立地条件一般较差，所以水肥管理对花椒产量的影响非常明显。特别是山坡地椒园的花椒植株，土壤空间较小，土壤水肥的消耗量大，若不加强以水肥为中心的园地管理，土壤肥力将逐年下降，使花椒园丧失生产能力，结果是花椒产量、质量急剧下降。

第一节 水肥管理

一、土壤保墒

山坡地花椒园一般无地下水补给条件，具有灌溉条件的川塬栽培区可进行人工浇灌。临夏山坡地大部分花椒园主要的水分来源是自然降水，除隔坡梯田整地合理利用坡面径流、富集梯田的水分外，如何保墒是土壤水分管理的一个十分重要的措施，常用的保墒措施如下。

（一）水浇地花椒园灌水

川塬灌溉区花椒园主要有春季灌水和初冬灌水。春季灌水主要在花椒果实开始生长膨大期的5月中下旬灌水一次，如果遇到春季干旱年份，花椒树出现缺水症状时可提前灌一次春水。冬季灌水一般在是初冬季节土壤封冻前的 11 月上中旬灌水一次。降雨正常年份只要完成冬灌和春灌，完全可以满足花椒水分供给，如果遇到夏季干旱年份，可在夏季进行一次灌水，切忌夏季高温时期灌水次数过多，否则会明显增加病菌的侵染率，容易侵染花椒流胶病，严重时大面积发生花椒流胶病。

（二）地面覆盖塑膜

地面覆盖地膜，不仅可以提高土壤表层温度，而且可以减少土壤水分蒸发，有效地增加土壤含水率，起到保墒作用，也可有效提高花椒的单位面积产量。

花椒树盘塑膜覆盖面积不宜小于 $1m^2$。覆膜时以树干为中心，将中间的土向四周扒开，成一个浅锅底形，以利雨水向椒树根际处渗流，增加覆膜效果。覆膜后，上面盖 3cm 左右的土，一般的农用塑膜可以保持数年不破裂。

（三）覆盖作物秸秆

作物秸秆覆盖花椒园地面，一是可以保墒；二是秸秆腐化后可增加土壤的有机质和养分含量，一举两得。

（四）中耕、深翻

中耕、深翻也是一项重要的保墒措施，可以结合除草、施肥进行，也可以单独进行。中耕翻地适宜于春季或秋季。

二、施肥

花椒树在生长发育过程中，消耗的土壤养分是很多的，结果盛期的石灰岩山地花椒园，5 月中旬与 8 月上旬（果实成熟阶段）相比，在一个生长季节中土壤内的养分含量变化很大，速效钾降低了 32.8%，在氮、磷、钾土壤养分三要素中，氮消耗的最多。因此，花椒园要及时科学合理地施用基肥、追肥和叶面施肥，若不及时补充肥料，一旦出现缺肥情况，会明显降低花椒产量和品质，从而影响花椒果皮的商品性，结果会一定程度上降低花椒生产的经济效益。

（一）基肥

花椒园基肥是直接补充土壤养分，并在较长时期内供给花椒树生长发育需要的施肥方法。山坡地花椒园坡陡路窄，肥料运输不便，为了有效减少施肥的劳力投入，应以有效成分高、养分含量丰富的化学肥料或农家肥为主。各种饼肥、人粪、羊粪、鸡粪、尿素、硝酸铵、硫酸铵、过磷酸钙、氮磷复合肥等肥料，养分含量都比较高。施肥时应以有机肥为主，有机肥与化学肥料相结合，或相间使用，不能为了省工省时只施化肥而放弃有机肥的施用。

花椒园基肥的施用一般多于春季或晚秋进行。若果实于 8 月成熟，采收后花椒树还有一段生长时间，因此在果实采收后紧接着施基肥最为合适，可以加速有机肥的腐熟分解，有利于施肥时伤根的愈合和树木对养分的吸收，提高树体营养物质的积累储备，可提高来年的坐果率和果穗的结果粒数。而且此时正是夏收已经结束，秋收还未开始，农民拥有充足的时间，可及时集中力量，积极开展秋季基肥的实施。

花椒园基肥必须要埋入表层土壤以下的耕作层。幼树植株较小，可利用施肥效果好易于操作的环状施肥方法，即在等同于树冠投影边缘处环状挖沟施肥，即在树冠外围 30cm 左右挖深、宽各 20cm 的环形沟，肥料与表土混匀施入沟内，覆土填平，施腐熟农家肥 20kg/株，氮磷钾复混肥 0.3kg/株左右；结果初期的花椒树用放射状沟施肥法，即以树干为中心，距树干约 0.8～1m 处挖 4～5 个向外呈放射状的沟，沟宽 25cm 左右，深 15～40cm，距花椒树主干越远，沟要逐渐加宽加深，沟长依树冠大小而定，施肥沟长度不宜超出树冠投影范围，施肥量为 10～15 年生树施腐熟农家肥

60～80kg/株、施氮磷钾复混肥 1.2～1.5kg/株；盛果初期的花椒树，其根系已布满整个耕作层，植株间的根系已有交叉，可在株间挖沟施肥，也可以在田面上撒施，可距树干 0.5m 以外的地方，挖 4～5 条辐射状的沟施肥，近树干处沟要浅些，免得过多损伤根系，通过深翻施入地下施腐熟农家肥 80～100kg/株、施氮磷钾复混肥 1.5-2.5kg/株。

（二）追肥

花椒园追肥主要是为满足花椒树某个生长发育阶段对不同肥料的需要，以补充基肥的不足或不同生长阶段的特殊需求。追肥应以速效性肥料为主。花椒果实发育期肥料需求较大，为了当年获得较高的花椒产量，多于果实发育期追施。追肥种类视土壤具体情况而定，一般以氮磷为主，以利果实的发育和花芽的分化。追肥最好能根据天气预报，在雨前施入，或在雨后追施，或结合灌水施用，以利肥料的快速溶解，并尽快为花椒树吸收利用。幼树、旺树适当少施，大树、弱树、结果多的树以及土壤肥力差可适当多施。结果树每年追肥 2～4 次，每次施尿素 0.2kg/株左右或氮磷钾复混肥 0.75kg/株左右。追肥关键时期为：萌芽前至花后坐果期，以氮肥为主；果实膨大期至花芽分化期，以氮肥为主，磷钾配合；果实生长后期，以磷钾肥为主。

（三）根外追肥

根外追肥也叫叶面施肥，是将肥料溶液直接喷洒在叶片上。叶面施肥具有以下几个优点：可直接被树木吸收，发挥的作用快，一般喷后 10d，便能通过叶片的变化看出喷肥反应；可以弥补春季干旱土壤追肥的不足；简便易行，用肥量少，喷肥的增产效果明显。

叶面喷肥应以速效肥为主，如尿素、磷酸二氢钾、硼酸、钼酸铵等，在这些肥料中，氮肥以尿素、磷肥以磷酸二氢钾效果最好。各种肥料可以单施，也可以2～3种肥料配合起来使用。用一种肥料喷洒时浓度为0.5%左右，两种肥料混合喷洒时，浓度可稍大些，总浓度控制在0.5%～1%的范围内。春季叶片幼嫩，浓度适当小些。

叶面喷肥主要在春季果实膨大发育这段时间喷洒，一年喷2～3次，前期以氮肥为主，后期氮肥与磷混合喷施。喷肥应选无风的晴天，于10时以前16时以后进行，这时温度较低，蒸发量小，有利叶片吸收。喷洒时叶片的正面反面均要喷到，以叶片沾满肥液雾滴而不滴落为度。

叶面喷肥虽有较明显的增产效果，但不能以此来代替基肥和追肥，应把各种施肥措施有机结合起来，才能收到理想的效果。

三、中耕除草

中耕除草，可以疏松土壤，有利蓄水保墒，防止园地荒芜，减少杂草对水肥的消耗。除草要除早、除小、除了，在杂草结籽前要普遍锄一次，铲除田面和梯田地埂上的杂草，以减少次年杂草的种子来源。

第二节　花椒园间作技术

花椒园在幼龄阶段树冠较小，园地空间较大，也可进行间作，一般间作时间为1～4年，树木较大时，再行间作就不太方便了。通过间作不仅可以生产粮食，增加收入，而且通过作物的中耕、除草、施肥、土地深翻等农事活动，为花椒树的生长创造良好的条件。

间种时，不能距花椒树太近，宜选用豆类、薯类、瓜菜等低矮作物，切不可间种高粱、玉米等高秆作物，以免影响椒树的树冠发育和新梢生长。下面是几种常见作物的间作种植技术。

一、花椒林下大蒜种植技术

（一）选地

选择新造花椒园或 8 年生以下、郁闭度 0.3 以下的缓坡或川塬耕地花椒园。

（二）整地

前茬作物收获后均匀散施腐熟农家肥 1000～1500kg/亩，深耕 20～25cm，灭茬晒垡。

（三）大蒜间作种植

在距离花椒树干基部 1m，种植大蒜，在 4m 花椒行距园地，可在宽约 2m 花椒行间种植大蒜，生产蒜头为主的蒜地，蒜苗株距 10～15cm；生产蒜苗选的蒜地，蒜苗株距 5～10cm。按行距画线，步犁开沟，沟深 15cm，先将肥料(磷酸二铵 25kg/亩、硫酸钾 12.5kg/亩）均匀撒于沟内，按株距将蒜瓣点播于沟内，覆土耙平，以蒜瓣不露地面为宜。

1. 大蒜田间中耕除草

中耕除草 3 次，第 1 次 5 月中旬，第 2 次 6 月中旬，第 3 次 7 月中下旬。追肥：6 月中上旬追施磷酸二氢钾 2kg/亩，追肥时肥料距植株 3～5cm 处挖一个小穴施入，并覆土。病害防治：叶枯病、灰霉病发病初期用 75%百菌清可湿性粉剂 600 倍液喷雾防治，每 7 天防治 1 次，连续防治 2～3 次；锈病发病初期用 25%三唑酮可湿性粉剂 1000 倍液喷雾防治，每 7 天防治 1 次，连续防治 2～3 次；紫斑病发病初期用 70%代森锰锌可湿性粉剂 300 倍液喷雾防治，每 7 天防治 1 次，连续防治 2～3 次。

2．虫害防治

大蒜蓟马、种蝇发生初期用 50%辛硫磷乳油 1000 倍液喷雾防治，每 7 天防治 1 次，连续防治 2 次；蚜虫发生初期用 50%抗蚜威可湿性粉剂 2500 倍液或 20%氰戊菊酯乳油 3000 倍液喷雾防治，每 6 天防治 1 次，连续防治 2～3 次。

3．蒜头采收

8 月上中旬，当底叶枯黄，中部叶片开始落黄，假茎松软即可采收。采收时用手提拉假茎，即可将蒜头拔出。播种过深，先用铁锹在离蒜头 4～6cm 处挖松蒜头根部泥土，然后再拔出蒜头，拔蒜头时要轻拿轻放，去掉泥土和根须，放在田间晾晒。2～4d 运至晒场晒干，然后出售或贮藏。

4．蒜苗采收：6 月中下旬，蒜苗出苗后生长 65～75d 即可采

收。采收时，先用铁锹在离蒜苗 4～7cm 处挖松蒜苗根部泥土，拔出蒜苗，去掉泥土，然后出售或贮藏。

二、花椒林下马铃薯种植技术

（一）选地

选择新造花椒园或 8 年生以下、郁闭度 0.3 以下的干旱半干旱地区花椒园。

（二）整地做畦

马铃薯喜欢疏松肥沃、微酸性的土壤，种植之前先翻耕土壤，这样可以使土壤更加疏松透气。应选择土壤疏松肥沃、土层深厚、

透气、保肥、排水、保水性能好的地块；整地要求深耕或深松 30cm，以增厚活土层，改善土壤中的水肥、气、热条件。前茬作物收后应及时深耕，立冬前视墒情进行镇压耙糖保墒。还要在土壤中施加腐熟的有机肥，这样可以提高土壤的肥力，给马铃薯提供生长所需的养分。具体做法是均匀散施腐熟农家肥 1300～1500kg/亩，深耕 20～25cm，灭茬晒垡。在 4m 的花椒行间做两条土豆种植垄。垄高 15～20cm，垄面宽 65～70cm，垄间距 50cm。

（三）施足底肥

一般亩施腐熟农家肥 3000～4000kg，结合秋耕深施农家肥或播种前旋耕深施农家肥；氮磷化肥配合，一般亩施尿素 18～22kg、磷肥 40～50kg、钾肥 20～25kg，或中低浓度复混肥 50～60kg；马铃薯茎叶生长迅速，地下块茎形成和膨大期，养分需要多，应重施一次追肥，此时施肥以钾、氮为主，亩施尿素 10～15kg、硫酸钾 20kg，或亩施中低浓度复合肥 40～50kg、硫酸钾 15kg；开花后不再进行根部施肥，若有早衰现象可用 0.5%尿素和 0.2%磷酸二氢钾溶液作根外追肥。

（四）种薯选择及播前处理

选用优良品种和优质脱毒种薯，根据栽培目的和生产条件选择适宜的品种，不仅要考虑品种的抗病性、丰产性和对当地生态条件的适应性，还要考虑市场需要、产品用途、产品价格等因素，以获得最大的经济效益。临夏州主要以中晚熟和晚熟品种为主，选择抗逆性强、产量高、品质优的品种，如陇薯 10 号、陇薯 7 号、陇薯 3 号、青薯 9 号、庄薯 3 号、冀张薯 14 号、天薯 9 号、临薯 18 号、定薯 3 号等。

播种前对种薯一般要进行晒种催芽，堆积在散射光下催芽，白天四周放风，夜间棉被覆盖，保证不受低温或冻害的影响。每天按时揭堆盖堆，催芽到"露白"为最佳。其目的是促使苗齐、苗壮、增加主茎数，促进前期生长发育，提早结薯。种薯可用整薯播种，也可切块播种，单块薯重 30～50g。切块时要注意切刀消毒，防止病毒传播，一般用 0.2%高锰酸钾溶液或 75%酒精消毒为宜，切完薯块马上要用草木灰或药剂拌种。药剂拌种可施用"薯拌宝"，每袋 300g，可拌 1 亩地的种薯（约 100～150kg）；也可用疫病杀菌剂粉剂复配拌种，拌种对促进根系生长，增强抗旱性，提高吸水吸肥能力，提高出苗及壮苗，提高晚疫病防治，增加单株块茎数，增加产量等有良好的效果。

（五）适时播种

一般在 4 月中下旬播种。干旱地或山坡地采用单垄单行播种方法，半干旱地区也可采用单垄双行种植。马铃薯种植适宜的株行一般是行距 60cm，株距 35～40cm。播种深度 15cm 左右。

（六）播后管理

1．查苗补苗

在马铃薯全部出苗之后，要及时进行查苗工作，若有缺苗要及时进行补苗，确保苗全，在此基础上有效保障作物产量。另外，还要适当的进行定苗与间苗，及时拔除杂苗、小苗、病苗和弱苗。

2．水分管理

马铃薯田间管理过程中，需要做好水分管理，在出苗期不需要过多补充水分，但是从出苗期至现蕾期则需要大量的补充水分。由于马铃薯生长至这一阶段，植株茎叶开始伸展，需要大量营养，此时必须合理调配水分，保证土壤环境较为湿润。另外，从初花期直至茎叶生长结束整个期间，对水分的需求也非常大，需要通过沟灌方式为马铃薯苗补充水分，以此提升根系对水分的吸收率。

当马铃薯到了生长后期，会逐渐降低需水量，此时需要同步调整浇水量，以免贪青晚熟。

3．中耕除草

需要把握时机进行除草工作。在苗前可以使用化学除草剂进行除草作业，当杂草生长至 2～4 叶，是除草最佳阶段。

4．施肥管理

马铃薯在整个生长阶段，肥料需求量都很大。在施用肥料过程中，主要是有机肥要多施。由于有机肥富含微量元素，且无公害，肥效期也比较长，所以做基肥施用，以提升马铃薯产量。同时适当施用化肥时要氮、磷、钾配合使用。

马铃薯对钾需要量大，科学合理的氮、磷、钾投肥比例是 1.85∶1∶2.1。在马铃薯生长阶段不能施加氯元素，并避免施用氯化钾等相关肥料。

5．防治病虫害

在马铃薯种植过程中，主要的病害有早疫病、晚疫病以及青枯病等，蚜虫以及蛴螬等是其主要虫害类型。早疫病及晚疫病在开花前后，发现中心病株立即拔除，地面撒施石灰，然后对病株周围植株用 66.8%霉多克 600 倍液或 72%普力克 800 倍液喷雾封锁，10d 后再喷一次，同时全田用 70%安泰生 600 倍液喷雾保护。防治蛴螬要利用蛴螬成虫的趋光性，在田间设黑光灯进行诱杀成虫。或用 90%敌百虫每 50g 拌匀 30～40kg 切碎的鲜草，傍晚撒在田里诱杀幼虫。对 3 龄前的蛴螬幼虫，可用 2.5%敌杀死 1000 倍液喷洒。对虫龄大的幼虫可用 50%辛硫磷灌根。马铃薯富含矿物质、维生素和蛋白质，是临夏州西北部花椒产区的主要粮食作物，具有突出的种植和品质优势。为了有效保障马铃薯种植质量与产量，需要科学地按照马铃薯种植技术进行合理种植，并加强田间管理，提升当地马铃薯作物的种植效益。

三、花椒林下胡麻种植技术

（一）选地

选择新造花椒园或 8 年生以下、郁闭度 0.3 以下的干旱半干旱山坡地花椒园。

（二）整地及播种要求

由于胡麻种子小，幼芽顶土能力弱，因此在耕作栽培上，不论哪种土壤都要精细整地，保持土壤疏松平整、保墒，以利于胡麻出苗保苗。必须在前茬作物收获后及时耕翻，耕深 6cm 以上。所以胡麻的播种应该以浅播为主，尤其是在土壤条件较好的情况下，在胡麻种子上覆盖土壤以 2cm 为宜。如果土壤的肥力条件结构成分比较差的话，覆盖土壤的厚度可以相对厚一些，可以达到 3cm，但是最好不要超过 4cm，厚度过大会影响到胡麻种子的出苗率，而且幼苗在生长过程中也相对不是特别健康，容易导致减产，一般行距为 15cm 左右。

（三）合理施肥

以有机肥为主，氮、磷、钾配合。有机肥不但能够改良土壤，而且含有多种营养元素，可使胡麻正常发育。因此，施用有机肥是发展胡麻的根本措施。一般施农家肥 1000～1500kg/亩，结合秋翻做底肥施入土壤。为了进一步提高单产，经济有效的办法是配合施用化肥，实行氮、磷、钾配合。根据相关资料，临夏地区的花椒园，以每亩施尿素 10kg、磷酸二铵 10kg、硫酸钾 5kg 这个组合最佳。化肥可结合播前整地随农家肥一次性深施。

（四）中耕除草

胡麻在出苗一直到现蕾之前的这一个阶段，大概有 1 个月的时间，地表示未被覆盖，天气通常是比较干燥的，但是杂草又相对生长旺盛，而胡麻又是处于根系生长的旺盛期，但是地上的部分生长却是极为缓慢，所以说在这个阶段中耕除草是非常重要的。这个阶段可以有效地预防杂草和幼苗发生养分争夺的情况，可以有效地防止杂草抑制幼苗的生长，而胡麻在出土之后根系的生长，相对来说速度非常快，所以说使用锄头进行除草，对于胡麻的生长又是至关重要的，一般来说，当幼苗生长到两寸的时候，可以进行第一次浅锄。

（五）胡麻常见病害及防治

1. 炭疽病

胡麻炭疽病会导致幼苗受到侵染，当发生炭疽病，子叶会发生褐色病斑，而且枝叶会干枯，逐渐脱落，严重时会导致整体植株的枯萎死亡，炭疽病主要是依靠种子进行传播，病原菌在田园的传播可以依靠自然环境风雨或者是昆虫以及各个植株之间进行接触传染。在高温下容易发病，一旦发病，可以采用 77%可杀得可湿性微粒粉剂 800 倍液进行喷洒，2～3 次即可。

2. 枯萎病

胡麻枯萎病也是常见的一种病害，在幼苗以及成长期都可能会发病，一旦在生长期染病，就会导致叶片枯黄，而且在高温高湿的条件下发生比较严重，一旦发病，可以采用 50%多菌灵可湿性粉剂 600 倍液喷洒田园，2～3 次即可起到比较好的防护作用。

四、花椒林下大豆种植技术

（一）品种选择

根据不同的用途选用不同的品种，以采食鲜荚为主，应选择宽荚、品质好、风味早熟的品种；采收后以加工豆制品为主的，以选用增长潜力大、内在及外观品质好的优质大豆品种。

（二）种子处理

一般亩用种量 4kg 左右，根据不同土壤环境与病虫害情况，选用合适的种衣剂包衣，有的也可用微肥、菌肥、ABT 生根粉等拌种，增强种子活力。

（三）合理耕作整地

整地以深松为原则，采用深松旋耕机进行深松耙茬，耙平耙细，增强土壤通透性与抗旱耐涝能力，耕翻深度 15～20cm。垄作大豆整地要与起垄相结合，做到垄沟深且垄体松。

（四）适时播种

6 月上中旬播种，地膜大豆可适当提前播种，利用大豆播种机进行点播，使植株分布均匀，播种深度 3～5cm。垄作大豆采取窄行密植技术，一般 60cm 小垄种 2 行、90～105cm 大垄种 4 行，小行距 12cm 左右，每公顷密度加大到 37.5 万～45 万株，增产 15%～20%。切忌在雨后和土壤烂湿时播种，否则大豆会因吸水受胀而不能发芽，容易引起烂根死苗。

（五）科学施肥

根据土壤肥力情况的不同和当地的气候条件，确定化肥施用时间与用量。一般采取分层深施，即底肥施在垄下 16～18cm 处，用量约占总施肥量的 60% 左右；种肥施在种下 4cm 处，用量约占总施肥量的 40%；另外，在始花期至终花期根据长势进行叶面喷施。可以满足大豆在不同生育期对肥料的需求，有效提高了肥料利用率。

（六）苗期管理

大豆出苗后进行查苗，缺苗及时补苗，并及时间苗，剔除残弱苗，达到苗全苗壮，补苗时可以补种或芽苗移栽。

（七）加强中耕培土

间苗后立即进行中耕锄草，中耕深度随根系生长状况由浅到深再浅的方式进行，整个生育期过程中至少要进行3～4遍，向根部拥土，逐渐培起土埂，利于耐旱、抗倒、排涝。

（八）开花结荚期的管理

主要争取花多、花早、花齐，防止花荚脱落和增花、增荚，看苗管理，保控结合，对高产田应采取控制为主，避免过早的进行封垄郁闭，在开花末期达到最大叶面积为好。具体措施：封垄前继续锄草，看苗酌情给水施肥。弱苗初花期追肥，壮苗不追肥，防止徒长，花荚期追磷肥。当叶片颜色出现深绿色，中午叶片萎蔫时，要及时浇水。在盛花末期摘顶心，打去顶尖，防止倒伏。

（九）营养施肥

在大豆开花初期与结荚期喷施叶面肥可增加荚数和粒重，促进大豆成熟，防止早霜危害。叶面喷施尿素和磷酸二氢钾，每亩用量为尿素350～700g、磷酸二氢钾150～300g，并按照土壤缺素的情况同时增加微肥。一般用量钼酸铵为25g、硼砂为100g，混合兑水喷洒，喷洒时间以下午4点前后为宜，花荚期以喷洒2～3次。

（十）病虫害防治

开花期到结荚期，除抗旱、排涝，主要是防治病虫害。需要防治的大豆病虫害，主要有灰斑病、根腐病、孢囊线虫、大豆食心虫、蚜虫等。根腐病、孢囊线虫等可根据土壤条件因地制宜地采用种衣剂包衣、选用50%福美双或50%多菌灵按种子量的0.4%拌种等办法。蚜虫发生时，采取熏蒸防治方法，可有效减少农药使用量。

（十一）除草方法

播种前或出苗前结合中耕进行一次土壤化学封闭除草，花荚期再喷一次除草剂，在开花末期至结荚期可根据大豆长势喷施化学调控剂。要选择低毒、高效、低残留的化学除草剂进行化学除草，要控制农药施用量。过量使用会造成农药残留，伤害农作物，或深入地下水，对水源造成污染。

（十二）收获及保存

大豆收获后，要伐棵晾晒，防止豆粒炸腰和褪色。待种子水分降到12%以下时及时脱粒，晾晒后入库保存。留种大豆收获后注意防雨，防霉变。

五、花椒林下油菜种植技术

（一）科学布局

油菜是异花授粉作物，若某一地方插花种植杂交良种和常规品种（非杂交品种），由于品种间相互串粉异交，品种的杂交优势不能完全表现出来，产量下降、品质变差、商品率降低、经济效益不高，所以杂交双低油菜需合理布局，在一定区域范围内，只能选择2～3个双低杂交油菜新品种。

（二）选地与整地

油菜的根系非常发达，枝叶繁茂，选用地势平坦、土层深厚、土质疏松、肥力中上等的地块。油菜对土壤质地要求不严，质地以轻沙壤、中壤土或轻黏土为宜，土壤质地较差地块，通过深耕，增施肥料等良好的耕作技术，也可获得高产。土壤酸碱度以中性和微碱性最好。油菜忌土壤板结不透气，要求通气性好的土壤；若土壤板结，种子不易发芽，出苗后容易烂根，幼苗期植株也易老化，幼苗生长缓慢甚至死亡。

油菜整地要求深耕细整，在前茬作物收割后，及时深松耕翻，打破犁底层，达到土粒细碎，无大块土，不留大空隙，土粒均匀疏松，在封冻前耙土整地，做到耕层土壤疏松，上虚下实，地面平、软、酥，无大土块。

（三）品种选择

根据不同的种植区域和栽培条件，选用高产优质、抗逆性强、综合农艺性状好的双低杂交油菜新品种。在海拔 2000～2035m 区域需地膜覆盖与膜侧沟播，选择中晚熟良种，如青杂 2 号、青杂 5 号、陇油 10 号、陇油 11 号、科油 1 号、科油 2 号、冠油杂 812 等品种；海拔 2035m 以上区域露地栽培模式，选择青杂 3 号、甘南 5 号、甘南 6 号等品种。

（四）施肥与防治地下害虫

亩施农家肥 2500～3000kg、氮 8～10kg、磷 4～6kg、钾 1～2kg 或油菜专用肥料 50～60kg；折合化肥用量，尿素 17.4～21.7kg、过磷酸钙 33～50kg、氯化钾 2～4kg，或用磷二铵 8～10kg、尿素 14.3～17.8kg、硼肥 1kg 作基肥，播种覆膜时一次性施入。田间动态检测营养状况，若需追肥，亩用尿素 5kg，但要依苗情、墒情、长势而定。若未拌种，在覆膜前用 5% 辛硫磷颗粒剂 1～2kg 制作毒土，地表均匀撒施，然后起垄覆膜，防治地下害虫。

（五）播种方式

采用露地条播或油菜膜侧沟播。膜侧沟播选用膜宽 40cm 的地膜，带幅宽控制在 53~58cm，最佳带幅垄宽 55cm（垄面宽 30cm，垄间距 25cm），垄高 10cm，每垄两侧各种 1 行油菜。露地条播选用小型 3 行播种机条播，人工条播，行距 20cm。

（六）播种期与播种量

膜侧沟播：播种时期 3 月 23~29 日，播种深度 3~5cm，亩播种量 0.4kg。播种时将种子与 4kg 炒熟的普通油菜籽混匀后，放入油菜膜侧沟播专用机械种箱内。

露地条播：播种期 3 月 11~23 日，播种深度 3~5cm，亩播种量 0.4kg。播种时将种子与 4kg 炒熟的普通油菜籽混匀后，放入小型 3 行播种机种箱内条播，或人工撒施在种沟内，播种宽度和深度要均匀。

（七）田间管理

间苗、定苗：油菜播种后 5~7d 即可出苗，幼苗 2~3 片真叶时结合松土、除草，并进行第一次间苗；4~5 片真叶时结合松土、除草，进行第二次间苗、定苗；6~7 叶时进行第三次定苗，株距 12.5~14cm，亩保苗 1.7 万~2 万株。间苗、定苗要掌握间弱苗，留壮苗；间小苗，留大苗；间密苗，留匀苗；间杂苗，留纯苗的原则。注意在雨天或土壤过湿时不宜间苗，发现缺苗断垄时，要及时补苗或补种。

化学除草：耙土播种后，选用 96% 金都尔乳油药剂，亩用 50ml 兑水 40kg 或选用 50% 乙草胺乳油 40ml 兑水 40kg 均匀喷洒地表，进行化学除草。

（八）病虫害防治

1．苗期跳甲、茎象甲防治

选用 4.5%高效氯氰菊酯乳油或 48%毒死蜱乳油。在油菜三四叶期进行第一次防治，任选一种上述药剂，按 1500 倍液进行叶面喷雾，间隔 7d 选用另一种农药，用同样药量和方法进行第二次防治，选择晴天中午喷药。

2．花期露尾甲、蚜虫防治

选用 48%毒死蜱乳剂 1000 倍液，叶面均匀喷雾；蚜虫防治：选用 10%吡虫灵可湿性粉剂 2000 倍液或选用 5%啶虫脒乳油 2000 倍液，叶面均匀喷雾；防虫药剂于晴天中午喷施。

3．花荚期油菜螟、蚜虫防治

选用 4.5%高效氯氰菊酯乳油 1500 倍液或 48%毒死蜱乳油 1500 倍液，叶面均匀喷雾；防治蚜虫：选用 10%吡虫灵可湿性粉剂 2000 倍液或选用 5%啶虫脒乳油 2000 倍液，叶面均匀喷雾防治；防虫药剂于晴天中午喷施。

4．初花期霜霉病防治

初花期前后选用 25%甲霜灵可湿性粉剂 1500 倍液或 72%霜脲锰锌可湿性粉剂 800 倍液，任选一种，均匀叶面喷雾，每隔 5～7d 喷雾一次，药剂交替喷施，共喷施一两次，视病情而定；药剂于晴天下午喷施。

5．盛花期菌核病防治

盛花期前后选用 50%农利灵可湿性粉剂 800 倍液或 50%速克灵可湿性粉剂 800 倍液，任选一种，对全株均匀喷洒至茎秆的中下部，每 5～7d 一次，药剂交替喷施，共喷施一两次，视病情而定。药剂于晴天下午喷施。

第三节　花椒低产园改造技术

在花椒实际生产中，由于花椒品种、立地条件、管理因素等原因，特别是栽植的花椒品种品质不高、产品价格较低、农民对花椒生产不抱希望的情况下，对花椒园进行粗放管理，甚至放弃对花椒树的修剪、施肥、灌水、中耕除草等基本管理措施，结果造成有些花椒园产量日趋低下且不稳定，花椒果皮品质变劣，花椒产品失去了商品价值，使得花椒经济效益低下，失去了发展花椒的目的，这样的低产花椒园应积极认真地进行改造。临夏花椒核心产区的临夏县莲花镇，安集乡的三坪村，东乡县河滩镇等地花椒建园时间都比较早，大多树龄 20 年以上，甚至超过了 30 年，树龄整体偏大，大多树体老化，有些老树出现了大量的枯枝败枝，甚至有些花椒树部分主枝整体干枯，且病虫害严重，无法进行修剪更新。以上各种原因，造成很多乡村的部分花椒园已达到老化退化的程度，失去了花椒园生产的经济价值，应积极进行更新改造。

一、花椒低产园的改造

（一）整地

山坡地花椒园的整个梯田土壤是花椒树生长发育的立地基础，由于常年的生产和自然破坏，很多梯田缺乏修缮，地块破损，水土流失造成保水保肥能力差，这是形成低产园的重要原因。对于多年失修的梯田花椒园，要加固维修梯田地埂边坡，尽量把田面修整为反坡状，增加保水保肥能力，培土修复梯田上的拦水地埂，防止田面产生坡向径流，引起水土流失。对于土层较薄的梯田，要客土加厚耕作层。客土加厚土层的工程量大，可采取逐年改造的方法进行。一般于落叶的秋季后培土，培土可与施基肥结合起来，每株施有机肥 50kg，以氮为主的化肥 2kg，若有条件可进行逐株浇水，水渗后田面培土 5～10cm，株距较大时可先在略大于树冠投影范围内进行，株距较小时，宜整个梯田普遍培土，通过逐年培土，使梯田的土层厚度达到 80～100cm，通过土壤改造，整体上提高花椒园土壤肥力水平。土层较薄又无土壤来源进行培土的低产椒园，应通过降低密度，加强保墒（如田面覆盖作物秸秆，即能保墒，腐烂后又可增加土壤腐殖质），减少土壤的水分养分消耗，使花椒树与土壤间的水肥供需矛盾尽可能地达到统一。同时加强中耕清除杂草，免得与花椒树争夺肥水。

（二）土壤深翻

花椒园地进行深翻可以疏松土壤，增加蓄水保墒能力，增加耕作层土壤深度，可以促进花椒树深层根系的发育，增加深层的根系数量，提高抗旱能力，可以促进表层根系的更新，防止根系交错盘结。深翻应于早春土壤刚解冻时或秋季花椒采收以后进行，深度 25～30cm，靠近树干周围要浅一些，不要损伤较大的侧根，远离树干逐渐加深。理论上花椒园深翻至少一年进行一次，有条件时可一年进行两次（春秋各一次），也可与施基肥结合起来深翻，以节省用工。但是，临夏刺椒和绵椒根系较浅，大面积多次深翻土壤会破坏花椒树部分根系，对花椒树的健康生长会造成损伤，所以尽量减少花椒园土壤的深翻，可变土壤深翻为浅翻，并通过尽量使用农家肥等有机肥料进行土壤改造，提高土壤肥力。

（三）增施肥料

花椒园提高土壤肥力的措施除在秋季或早春结合深翻、培土施基肥外，应于春季开花时期的 5 月上旬和 6 月下旬至 7 月上旬花芽分化初期进行两次追肥，追肥应选有机肥和氮磷化学肥料，相互搭配施用。若因气候干旱等原因不能及时追肥的，要及时进行叶面喷肥（尿素、磷酸二氢钾溶液效果最好，浓度为 0.5%～3%），于花椒树展叶后的 5 月上中旬到 7 月上中旬喷洒 2～3 次。

（四）科学管理

低产花椒园因缺乏科学管理，大多枝条紊乱，树形欠佳，进行修剪和树形改造时，要因树制宜，科学修剪，不能千篇一律，万树一形。主干明显的低产树，可改造为自然开心形，视情况合理选留 3～4 个主枝，每个主枝上留 2～3 个侧枝，侧枝间距 30～40cm，主枝和侧枝的空间分布要科学合理，搭配要错落有序，不能有的地方密，有的地方疏，剪除过密的枝条，空间充足的部位选留辅养枝培养成结果枝组。无明显主干的花椒树可改造为丛状树形、留 4～5 个主枝，每个主枝上留 1～2 个侧枝，侧枝间距 30～40cm。如果疏除的大枝数量较多，树形的调整应分年度完成，不能一次改造完成。在修剪、整形、改造花椒树时，对于影响光照通风的重叠枝、交叉枝、竞争枝、直立枝、平行枝、拥挤枝、病虫枝、徒长枝要进行疏除，或疏一留一，或短截缩短到壮枝壮芽处。能填补树体空间的徒长枝，可作为侧枝或结果枝组培养。结果枝组内的密集枝、细弱枝、背上枝、下垂枝、病虫枝等亦要尽量疏除，疏枝时尽量从枝条基部全部疏除，不要留枝桩。

二、花椒老园更新

临夏地区绝大部分花椒园由于长期大量施用化学肥料，酸碱度降低，部分椒园出现土壤酸化现象，土壤板结比较严重。土壤酸碱度的降低改变了土壤化学物理性质，土壤有益微生物数量减少，抑制有益微生物的生长和活动，从而影响土壤有机质的分解和土壤中氮、磷、钾、硫等元素的循环。酸性土壤会造成病菌滋生，根系病害增加，会造成营养元素的固定或流失，成为影响农业发展的严重问题之一；酸性土壤会促进某些有毒元素（如铝离子等)的释放、活化、溶出。花椒园土壤酸化，一定程度上影响了花椒树的正常生长，花椒树病虫害严重，花椒产量低品质劣。临夏部分花椒产区的花椒园种植时间四五十年以上。其中临夏县莲花镇、南塬乡，东乡县的河滩镇，积石山县的安集乡、银川镇等花椒核心产区的花椒园种植花椒时间普遍在 30 年以上。长期单一的花椒种植模式大量消耗土壤中可利用的有效化学元素，病虫害不断积累危害，特别是根部和树干基部病害严重，严重影响着花椒正常的生长结果。另外，还有一部分花椒树树龄过长，病虫害严重，已失去了最基本的生产条件，亟需挖除老化病弱花椒树，改良土壤，重新建园更新。

（一）老化病弱花椒树的挖除

锯除地上老化病害退化树体，利用碎枝机集中破碎利用，或销毁处理。然后用挖掘机彻底挖除椒树根系，尽量把土壤内大小树根全部挖除干净，清除地上枯枝落叶、杂草等。绝对不能把挖除的花椒树体和树根长期堆放在花椒园内，为后期花椒树建园形成新的病虫害等有害生物源。

（二）土壤改良方法

1．使用生石灰中和酸性

每亩用量 40～50kg，在整地时均匀施入。以后每年施用量减少 1/2，直至改造为中性或微酸性土壤。

2．使用绿肥，增加有机质

增施生物有机肥、农家肥。

3．增加灌溉次数（水田可实行串灌）

冲洗淋淡酸性物质对作物的危害。

4．施用生理碱性肥料

益养元、钙镁磷肥、磷矿石粉、草木灰、碳酸氢铵、石灰氮、氨水等，对酸性土壤有改良和中和效果。

虽然改良酸性土壤的方法很多，但实际中能够帮助大家快速达到理想效果的，主要有使用土壤处理剂（白云石）和石灰等，当然合理的管理措施和施肥方案也非常重要。

（三）栽植造林

花椒流胶病对临夏花椒产区花椒产业具有非常严重的潜在危害性，部分乡村因花椒流胶病的危害而出现花椒面积明显减退的现象。甚至在临夏县的莲花镇、南塬乡，积石山县的安集乡，东乡县河滩镇的旱地花椒，也存在因花椒流胶病危害而造成减产的现象。据调查，比较严重的花椒园发病率 20％～30％，年死亡率 10%左右。花椒流胶病的危害具有一个非常致命的特点，那就是因花椒流胶病死亡的花椒树周围栽不活新的花椒树，即使能栽活，等到椒树快到结果的年龄时也会因侵染花椒流胶病而死亡。多重因素导致临夏花椒需要大面积更新改造。经过调查发现，花椒嫁接可以有效地解决花椒流胶病的危害，这个办法就是在八月椒上嫁接刺椒、绵椒，八月椒作为砧木的嫁接苗，可以在死亡后花椒树周边的土壤中栽植成活。

品种配置及苗木选择：临夏地区花椒栽培品种为刺椒和绵椒。在海拔较低、具有灌水条件的川塬地，花椒栽植建园是选用以八月椒为砧木的嫁接刺椒或伏椒。在海拔较高的山坡地选用绵椒实生苗或以八月椒为砧木嫁接绵椒。临夏刺椒成熟较早，绵椒成熟较迟，两个品种前后错开采收时，采收期可延长 1 月以上，所以多以两个品种进行搭配栽植，效果好。栽植苗龄为嫁接一年生或两年生苗木，选用实生苗时选用 2～3 年的健壮花椒苗木。

栽植方法、栽植时间、栽植密度以及栽植时的苗木处理见花椒建园技术。

第四节　冻害预防

花椒冻害多发生在中国北方寒冷的花椒生产地区，主要分冬春季长期低温、冬春超低温冻害和中晚春季节倒春寒冻害。其中花椒休眠期冬春季长期低温或冬春超低温冻害，特别是超低温冻害可直接冻裂花椒树主干、主枝，或冻坏主干或主枝树皮，使得树皮与木质部分离，或直接冻死花椒树枝梢；花椒树体萌动发芽后的春季倒春寒冻害可直接冻伤或冻死叶芽、花芽或已经发出的枝叶花器或果实，造成花椒不结果或结果量降低，如果冻害严重可造成绝收，甚至冻裂树体或冻破树皮。据调查，2008 年 1～2 月份近 40d 长期低温，临夏花椒受害严重，临夏州花椒产区全部绝收，大量的花椒树被冻死，海拔较高区域的花椒栽培面积明显减退。2018年的春季倒春寒使得临夏地区刺椒品种全部绝收，海拔较高栽培区域的绵椒品种因开花萌动较迟，受冻害相对较轻，据粗略估计，仅有30%的临夏绵椒免于这次冻害。临夏地区处于青藏高原和黄土高原过渡地带，地形复杂，海拔较高，因此对花椒栽培管理及育苗技术的要求相对较高。据资料调查，山西省花椒栽植海拔不宜超过1200m，否则易遭受冻害；在秦岭一带花椒栽培海拔高度不宜超1000m，否则易遭受冻害。而临夏地区花椒栽培垂直分布区域分布在1500～2200m的山坡地和川塬灌区，绝大部分在1650～2000m，所以临夏花椒栽培地区处于花椒栽植海拔高度的极限区域。所以，临夏花椒产区发生冻害较为频繁，事实上冻害也是临夏花椒危害范围最广、对花椒生产威胁最大的自然灾害，有三年两头冻之说，只是每年的冻害区域及冻害程度不同而已。

一、花椒冻害危害与症状

主要危害花椒幼树、结果树的枝干、枝条、叶芽和花芽，削弱树势，坐果率减少，严重者造成枝干、枝条枯死。繁育的花椒苗木遭到冻害后，轻者一年生枝条受冻害干枯，重者苗木地上部分全部冻死，但是根系完好无损，翌年春季可重新发芽生长。花椒树枝干受冻后，树皮常发生纵裂，轻者伤口还能愈合，严重者裂缝宽，露出木质部，不易愈合，且裂皮翘起，向外翻卷，被害树皮常易剥落。枝干冻害主要发生在温度变化剧烈，绝对温度过低，且持续时间较长的冬季。枝条受冻多发生在1～3月份，生长不充分的枝条极易受冻，轻者皮层变褐色，重者变褐深达木质部及髓部，后干缩枯死。一般轻度受冻，枝条可恢复生长，多年生枝条常表现局部受冻，冻害部分皮层下陷，表皮变为深褐色。枝条冻害除伴随枝干冻害发生外，多发生在秋季缺雨、冬季少雪、气候干旱的年份。严重时 1～2 年生枝条大量枯死。花芽冻害主要是花器受冻，轻微冻害，若花椒花芽数量多，对产量影响不大；严重时，每果穗粒数显著减少。一般多发生在春季回暖早，而又复寒（倒春寒）的年份。

二、冻害发生的原因

花椒树发生冻害的原因主要是相对低温过低，或低温持续时间过长，或遇到强寒流的侵袭。在低温时，细胞原生质流动缓慢，细胞渗透压降低，致使水分供应失调，椒树就会受冻。温度低到冻结状态时，细胞间隙水结冰，使细胞原生质的水分析出，冻块逐渐加大，致细胞脱水或细胞膨胀破裂而死。据调查，枝条受冻多因生长不充实，越冬准备不充分，不能适应突然到来的低温而造成冻害。偏施氮肥，秋冬水分供应过多而致徒长、贪青不能及时落叶的枝条易受冻，或抽干枯死。地形地势对冻害的产生有较大的影响，一般海拔越高，冻害越重，同一山地阴坡冻害重，半阳坡次之，阳坡较轻，但阳坡土层浅，昼夜温差大的地方，也易发生冻害。冬季受西北风影响大的坡面和背阴地角，往往冻害比较重。树龄大小对冻害的发生也有很大关系，树龄大而衰老的椒树冻害重，盛果期椒树受害次之，初结果期椒树受害较轻。

三、冻害预防

（一）选好园址

山地花椒园选好园址是预防冻害的根本措施，在海拔较高的地方更为重要。2008 年 1 月～2 月临夏州花椒产区发生了一次大面积冻害，据次年春季调查，阳坡和背风处的花椒树的受害情况比半阴坡和风口处轻得多。

（二）加强抚育管理

注意增施磷肥。平时注意椒园的抚育管理，适当增施磷肥，培育强壮的树势，提高树体的充实程度，是预防冻害的基础，也是受冻后恢复树势的基础，关于施肥方法，可参照前面有关内容。

（三）培土或埋土

容易遭受冻害的地方，上冻前于树干基部培土，高50cm，预防主干受冻，来年春土壤解冻时，将土扒开。

（四）树干涂白

用鲜牛粪、生石灰和硫黄粉制成涂白剂，刷在树干上，也有一定的防冻效果，涂白可与树干基部培土结合起来进行。

（五）熏烟防冻

遇辐射霜冻时（无风晴朗天气情况下的霜冻），在花椒园内堆积杂草、碎作物秸秆，在黎明之前点火生烟（只有烟而无火焰）防霜冻，可起到积极的作用。

（六）受冻株的处理

受冻植株主干、主枝上冻裂的伤口，春季萌动前用100倍的波尔多液涂抹冻伤口，以防细菌侵染。受冻干枯的枝梢于萌发前将干死的部分剪去，及时进行追肥或叶面喷肥，尽快恢复树势。受冻植株树势较弱，易遭病虫害，应积极预防。

第七章　花椒采收及加工包装

第一节　花椒采收

花椒果实采摘和采摘后的管理是花椒栽培中的主要技术之一，生产上常因采摘方法不当和采摘后过于简单粗放的树体管理，会造成花椒果皮品质变差，甚至会造成枝组受损，养分积累减少，直接影响到下年花芽分化和开花结果。依据花椒生物学特性和椒农多年的生产实践，采摘花椒时需做到科学适时采收。

一、适时采摘

花椒果实成熟期受品种、气候、地区影响较大，成熟期很难确定，因品种、形态、管理水平、成熟期不同，临夏花椒一般7月初开始采收。各地成熟期因气候、花椒品种等原因各不相同。当果皮的缝合线凸起，有少量果皮自然开裂，种子黑色且有光泽时，是花椒成熟的外观标志。就花椒品种来说，刺椒成熟较早应及早安排采收，绵椒不易裂果，采收期可延长1个月。同一品种，阳坡栽植的成熟早，半阴坡成熟要晚一些，生长在干旱土壤上的成熟早，而水分条件好的地方成熟晚。应根据不同情况安排采收时间，适时采收。过早干椒产量低，品质也差，过晚果皮开裂难以采摘。

成熟的外部特征：当花椒叶面出现油亮而富有光泽，果实颜色变红色或紫红色，果皮着生疣状凸起，油点明显，透明发亮，种子变黑，果皮易开裂，香味浓麻辣足时，选择晴天采摘。

二、采收方法

根据品种特征、特性和用途，确定收获时期，并选晴天上午采收，采收时整穗采摘，应小心用手卡断或剪刀剪断果穗柄，切忌用手捏着椒粒采摘，以免压破花椒果实上的油胞而降低其色、香、味等品质，影响经济价值。轻采轻放，同时，采篮的椒果不宜装得过多，以免挤压、碰撞造成果皮上的油胞破裂，使果皮颜色变暗，影响花椒品质。

采收注意事项：一是保护枝组，花椒最大的特点是结果枝连续结果的能力很强，中长果枝基本在果枝的顶端，采收时若用剪刀剪花穗很容易剪掉花穗总轴，影响再抽生新的花穗。正确的做法是：一手拿住果枝，一手从果枝基部掐取果穗，尽量保持花穗总轴。二是保护叶片，花椒采收后叶片制造的养分全部转向营养积累，摘椒后至越冬前（10月底）这段时间尽可能保持叶片完整，浓绿茂盛，增强光合作用，多积累养分。

三、晾晒

晾晒对花椒品质特别对色泽的影响较大，应选晴朗天气采摘，采摘的椒果要及时运回晾晒，当天采收的椒果当天晾晒，未晒干的，摊放在避雨通风的地方。阴雨天露水过大的天气不要采摘。

目前我们可以采用专用的花椒烘干机，从而快捷、高效、经济地将刚采摘下来的花椒及时烘干，保证花椒的色泽和品质。但要特别注意温度调节控制，以免影响种子的质量。

作种子用的椒果，除适时采收外（千万不得早采），不要在晴朗的中午采摘，更不要暴晒。

晾晒时，将椒果摊放在架空的苇席上，当椒果裂开露出种子时，轻轻敲打，使种子落下，将果皮与种子分开，分别装于麻袋中，贮藏在阴凉、干燥的地方。

四、花椒烘干技术

现在越来越多的椒农都在购进花椒烘干机，小型花椒烘干机的价格一般在 3000 元～10 000 元，大部分人还是能接受的，花椒机械烘干又称花椒热泵烘干工艺。

目前，花椒采后的干燥研究还不够深入。花椒干制加工多采用传统的集中晾晒或在阴凉干燥处阴干等方法，所需时间比较长，一般需 6～10d，且在此期间如果遇到阴雨天气就容易出现霉变等造成损失；人工土烘房烘烤方式存在干燥周期过长、不卫生、品质不好等缺点。这些方法都已不能满足花椒产业化干燥加工的需要，亟需研制并推广使用先进适用的花椒干燥加工工艺及配套设备，增进干花椒的色泽和品质，提高花椒品牌效益，促进椒农增收。

花椒的独特性质，要求在烘干过程中温度不能过高，不能翻动，否则会造成花椒果皮油胞破裂而出油，严重影响花椒品质。为保证干花椒质量，应分阶段控制烘干时间和烘干温度。经过试验、分析，得出如下最佳烘干工艺流程。

（一）第一阶段，装料 0～1h

这个阶段，一次可干燥花椒 1t 以上。

（二）第二阶段，1～7h

花椒装料结束后，逐渐开始加温，花椒皮收缩并开始裂口。这个阶段温度应控制在 50℃。温度过低会使能源得不到有效使用，而且会延长烘干时间，降低烘干效率；温度过高会使花椒油胞破裂，甚至出油，降低花椒品质。

（三）第三阶段，7h 至烘干结束

第二阶段结束后，花椒皮收缩并开始出现裂口后，应开始加温，温度保持在 65℃左右，直到达到花椒干燥程度的要求。

花椒以身干、色红，青椒以身干、色青绿、均无梗无椒目者为佳，而传统的烘干方法很难解决这些问题，所以现在用花椒烘干机是烘干花椒比较好的选择。

第二节　采后加工、包装、贮藏及销售

食用花椒时，通常直接用花椒颗粒烹饪菜肴，或者制成花椒油或花椒粉食用。但是，无论采用哪种方式食用，均需要将花椒内部的花椒籽去除，避免花椒籽的存在影响花椒的口感。大中型花椒市场、经销商、花椒种植户都有花椒果皮临时或长期仓储的需求。花椒仓储不当，可引起花椒色相变差，味道变淡而品质降低，所以花椒包装和仓储技术也是花椒生产销售过程中的重要环节之一。

一、花椒筛选初加工

传统去除花椒籽的方法是采用人工方式来去除花椒籽，人工操作，劳动强度大，在长时间挑选状态下，很容易造成视觉疲劳，达不到挑选效果，影响成品质量。由于人工挑选的效率较低，不能满足规模化及大批量的花椒籽去除操作，目前虽有用于花椒籽去除的筛选装置，但是在对花椒进行筛选时，其筛选的效果都不是很好，往往在筛选完成后，依旧含有很多杂质，存在不能有效去除花椒叶及其枝干的现象，而且花椒籽去除也不完全，同时在筛选完成后对花椒外壳和花椒籽的分类也不是很好。因此，需要对现有装置进行改进，以满足规模化及大批量的花椒筛选，从而使筛选后的花椒满足人们的使用要求。

复合式花椒筛选机是针对花椒分选技术的不足，提供一种操作及使用方便的筛选装置，利用该装置能将花椒中的叶子、树枝和花椒刺筛选出，并在提高筛选效率的同时，还能对筛选后的花椒进行分类收集，使筛选后花椒大小均一且不含杂质，从而提高筛选效果，以便能够满足规模化及大批量的花椒筛选要求，具体地说是一种花椒筛选装置。

复合式花椒筛选机，利用旋转滚筒可使花椒间产生摩擦，不仅可使花椒壳与花椒籽分开，还能去除花椒中的花椒叶和枝干，并在振动筛的作用下，实现分级筛选，最后利用风机，在风力作用下，实现分离及分类收集。由此可见，采用本实用新型所述的筛选装置，具有结构简单，操作及使用方便，筛选效果好，经筛选后得到的花椒品质好，极大地提高了工作效率，能够满足规模化及大批量的花椒筛选要求，其实用性强，适合推广应用。

复合式花椒筛选机可实现花椒果皮与花椒籽的有效分离，从而达到花椒去籽及去杂的目的。由此可见，利用旋转滚筒可使花椒间产生摩擦，不仅可使花椒壳与花椒籽分开，在风力作用下，实现分离及分类分级收集。

复合式花椒筛选机操作及使用方便，其筛选效果好，经筛选后得到的花椒品质好，极大地提高了工作效率，能够满足规模化及大批量的花椒筛选要求，其实用性强，适合推广应用。

二、花椒包装及仓储技术

农户晾晒或烘干花椒果皮装袋后应及时出售，存放时间过长，花椒果皮会色相变暗，麻味变淡。如果市价过低，不愿出售则要集中装在大型麻袋中，集中置于阴凉干燥处，以减慢麻味变淡，以防止雨季吸潮霉变。收购商筛选后的花椒果皮按照销售要求进行包装销售，收购筛选后的花椒果皮需要仓储且时间较长时建议存放在低温冷库中，可很好地延长花椒存放时间，且能保持较好的色相和麻味。

三、花椒产品加工销售

目前花椒加工主要是将花椒精选分级（一般三级），去柄去籽，一二级花椒包装后以成品出售，三级花椒加工花椒粉小包装出售。筛选出的花椒籽用来榨油，一般 1.5～2kg 花椒籽出 0.5kg 油。临夏目前积极成立花椒协会或营销组织，让富有花椒经营理念和开拓创新意识的能人担当协会负责人，主持工作；充分利用协会组织的桥梁纽带作用，加大农户与企业、农户与市场、企业与企业、市场与市场及市场与消费者的纵向、横向联系，推进花椒营销工作。他们随时了解花椒市场的行情，掌握动态变化，也能及时指导产地花椒经营加工工作。地方政府及相关部门也要加强花椒扶持力度，帮助花椒企业、花椒经营户建立营销网络，宣传、推销临夏花椒产品。

表 7-1　商品花椒分级标准

品种	等级	颜色	气味	颗粒	果皮	水分含量	开口率	杂质	异物	霉变	麻度	挥发油	用涂
刺椒（伏椒）	特级	鲜红有光泽	浓香纯麻无异味	饱满均匀	厚实	≤12%	≥95%	≤3%	无	无	≥32	≥10%	调味（药用）作色
	一级	鲜红有光泽	浓香纯麻无异味	饱满均匀	厚实	≤12%	≥95%	≤3%	无	无	≥30	≥9%	调味（药用）作色
	二级	浅红有光泽	浓香纯麻无异味	饱满均匀	厚实	≤12%	≥95%	≤3%	无	无	≥28	≥9%	调味（药用）作色
棉椒（秋椒）	特级	深红有光泽	清香纯麻	饱满均匀	厚实	≤12%	≥95%	≤3%	无	无	≥25	≥6%	调味
	一级	深红有光泽	清香纯麻	饱满均匀	厚实	≤12%	≥95%	≤3%	无	无	≥23	≥5%1	调味
	二级	鲜红有光泽	清香纯麻	饱满均匀	厚实	≤12%	≥95%	≤3%	无	无	≥22	≥4%	调味

第八章 花椒芽菜生产技术

第一节 花椒芽菜及生产意义

一、花椒芽菜概况

花椒芽菜是从花椒产业中延伸出来的一种新型产业。花椒芽菜是花椒树上的幼枝嫩叶。花椒芽菜属体芽菜，是采摘于花椒树上的嫩枝、叶、芽。因其具有独特的麻香风味和丰富的营养，被人们视为珍贵的芽类蔬菜而受到青睐。旧时曾列入皇室贡品，称为"一品椒蕊"，供宫廷享用，它是始于清代官府的名菜。北魏贾思勰所著《齐民要术》（625年）卷四《种椒》一书中载有："其叶及青摘取，可以为范。"《红楼梦》中曾有贾府小姐喜食"椒蕊黄鱼串"的记载。花椒芽菜又叫作活体蔬菜、绿色蔬菜、保健蔬菜、高效蔬菜、离体蔬菜。称其为活体蔬菜，是因为它被采摘后，在贮运过程中或者在加工成菜肴之前仍然活着，还可生长，继续保持鲜嫩。称其为绿色蔬菜，是因为它不仅具有丰富的营养，而且它在发育过程中形成大量的活性植物蛋白，有助于人的消化吸收。营养学家指出，人类每天需要的蛋白质数量，动物蛋白一般需60g，植物蛋白需30g，而在发育过程中的植物活性蛋白仅需15g，这完全说明它是营养的精华。同时，由于它的发育迅速，生长时间短，很少甚至不遭受病虫害侵染，因而很少或是不用农药，其绿色蔬菜的特性由此可见。称其为保健蔬菜，是因为除了以上介绍的含有丰富的植物活性蛋白和碳水化合物外，还含有丰富的胡萝卜素、维生素 C 等营养物质，对头目肿痛、咳嗽、胃痛及食欲不振等有着良好的防治作用。称其为高效蔬菜，是因为它的生产周期短，投资少，见效快，目前试验的结果是：当年育苗，当年采摘，当年受益，亩投入平均每年 500 余元，而亩收益在 800kg，折合亩收入 15 000 余元，经济效益可观。称其为离体蔬菜，是因为它被采摘后包装上市，芽体与树体相离。这种嫩枝叶芽，营养丰富，可生食、凉拌、热炒、做馅、灌装，具有特殊的麻香味，是一种高档绿色食品。

二、花椒芽菜栽培历史

20 世纪 90 年代以来，甘肃省临夏州的花椒产业有了很大发展。突出表现为：一是普遍营建了山地梯田椒园和川塬耕地椒园。二是管理由过去的粗放经营转向了集约经营，产量由高低年逐步改造成了持续性地稳产高产。三是产业由单一收花椒向收花椒、收芽菜多产品迈进。花椒芽菜采用传统栽培方法，只能在春季很短的时间内采集其幼嫩的芽叶，而且不能全部采摘，产量低，加之枝条杂乱，采摘困难，难以形成大批量商品生产。花椒芽菜在日光温室和塑料大棚栽培的基础上，经过长期、艰苦的积极探索，逐步形成花椒芽菜集约化生产新技术——采用大田网棚密集囤植栽培技术，取得了良好的效果。从花椒芽菜的"种一茬连收三年"到"种一茬连收六年"，做到了"当年播种，当年育苗，当年栽培，当年收获"，使得花椒芽菜生产实现了从日光温室冬春生产走塑料大棚的全年农季生产，从塑料大棚生产走向大田塑料网棚生产，从而实现了花椒芽菜生产的集约化、规模化、集成化、产业化和高效化。

第二节　花椒芽菜生产方法

目前花椒芽菜的生产主要有两种形式：一种是苗芽菜，苗芽菜是播种花椒籽后，花椒苗长到10cm后采摘的芽菜，是一次性的生产方式，这种形式目前做得比较少。一种是体芽菜。体芽菜就是在一年生以上的椒树上采摘的芽菜。目前比较成熟的三种花椒芽菜生产方法，一是露地生产；二是塑料大棚生产；三是日光温室栽植生产。本节着重讲花椒体芽菜的温室栽培技术。

花椒芽菜的生产流程总的讲分两大段：育苗和芽体生产，具体讲就是：选择品种、精选种子、处理播种、幼苗期管理、苗木期管理、起苗定植、花椒芽菜采摘。这其中的起苗定植主要看情况，也就是说，如果是在苗圃地直接生产就省去了起苗定植的程序，更便捷简单。若将以上流程按照各时期特点分作三个时期：种子层积期、苗期、采摘期（休眠和椒芽形成期）。

一、种子层积期

（一）品种选择

花椒的主要品种有大型、小型和其他类型。大型的有：刺椒、八月椒、狮子头、大红袍等；小椒有：绵椒、小红袍、茂椒、豆椒、火椒。其他类型的有：秋杂椒、白沙椒、高脚椒、枸椒、臭椒等。在这诸多品种中，甘肃临夏花椒芽菜使用的主要品种有刺椒和八月椒。八月椒品种抗性强、产量高、出芽较迟，刺椒品种相对于大红袍抗性较差，但产量高，出芽较早。从实践看，这两个品种都适宜临夏州的地理自然条件，选择品种时就选这两个为主。

（二）种子选择和处理

确定了使用的花椒品种后，就要开始在所选品种树上选择种子，首先应当选择采种母树，一般要求采种母树在 8～15 年，这个树龄段的花椒树树势强健，壮实、结果多，芽梢麻辣而且香味浓郁。

在选择好的采种母树上选择种子，要求种子籽粒饱满、新鲜，根据这一要求，选种采摘花椒要及时，过早则种子尚未完全成熟，发芽率低，过晚则种子易脱落，采种量低，因此，采种的标准时期是少量果实 5%以下开裂时采收。当年采摘的花椒果实，在阴凉干燥的环境里风干，而后果皮自行裂开脱籽，选择籽粒饱满新鲜的种子进行处理。

怎样才能选到籽粒饱满的花椒种子呢？一般用清水澄去秕籽，将种子倒入清水中，将漂浮在水面的秕粒捞去，剩下的一般就是饱籽。种子处理的原因是：花椒种子种皮坚硬，富含油质，透性差，发芽也较缓慢。种子处理的目的是去掉种子外层的油皮，增加壳的通透性，以利于种子吸水。

由于播种的时期不同，因而种子处理的方法也不同，如是秋播，种子的处理就比较简单，一般用草木灰与种子混搅在一起就可，秋播的种子在土壤中越冬，自动完成催芽，种子第二年春发芽早，苗木生长期长，所以秋播比春播要好。如是春播，当年采收的种子要存放一个冬天，春播的种子就要进行处理。因此，采用适当的方法存放种子是很关键的一个环节。

（三）花椒种子处理方法一般有物理方法和化学方法

1. 物理方法处理种子

（1）沙藏层积处理：将所采收的种子与5～6倍的湿沙混合均匀（沙的湿度以用手捏成团但不出水为度），然后放在准备的木箱或其他易透水的容器中，填入贮藏坑内，贮藏坑的深度在当地冬季冻土层以下为准。种子在坑内贮藏一冬，第二年春天开春后土壤解冻即取出播种。播种前要首先做发芽试验，以把握经过一冬贮藏后花椒种子的发芽率。

（2）混饼贮藏：这种方法一般用于少量种子贮藏，将种子用清水清洗后，混入4～5倍的黄土（沙黄土和沙土的比例为2:1）做成3cm厚的混饼，将混饼于阴凉处晾干，存放在低温干燥处，第二年春季使用时将混饼搓碎，筛出种子，即可播种。

（3）沙磨法处理：将种子与粒径0.2cm左右的粗沙混在一起（比例2:1）放在滚桶滚动，至花椒种子油皮去掉，取出后再将粗沙和种子分开（用筛子）。

（4）开水烫种：将种子放在容器内，倒入种子体积2～3倍的开水，同时迅速搅拌2～3min后注入凉水至不烫手为止，然后置放2～3h，再换清洁凉水（20℃～25℃）浸泡48h，捞出后用湿布或毛巾包好，温度保持在25～30℃，每日用清水淋洗2～3次，5日后即可播种。

2. 化学方法处理种子

（1）碱水浸种：碱种比例为1:20，先加25℃水浸没种子，然后用开水烫开碱面，倒入其中，反复用力搅拌揉搓种子，去净种子油皮，然后将去掉油皮的种子用清水淘洗干净，在25℃左右清水中浸泡48h后播种。

（2）赤霉素处理：用 500mg/kg 浓度的赤霉素浸泡种子 48h，可提高种子的发芽率和发芽速度。

二、苗期

苗期指种子播种后胚根显露到苗木落叶。此时期可分为幼苗期和苗木期，幼苗期指苗高 7～8cm，有 4～5 片真叶展开。苗木期指幼苗结束到苗木落叶。

（一）整地施肥

播种前要做好耕地准备，即整地施肥，选择背风向阳、肥沃疏松、排灌方便的壤土或沙壤土，施足有机肥，一般每亩施用有机肥 2500～5000kg，草木灰 200kg，所准备的耕地要求土壤颗粒细小均匀，地面平整。

（二）播种方法

1. 开沟条播

沟宽 10～20cm，沟深 5cm，沟底平整，深浅一致，沟行间距 20cm，将种子均匀撒入沟底后覆盖细土 1～2cm。

2. 耧播

此方法适用于大面积播种，但一定要掌握深浅，常常容易播深，一般要有经验的人摇耧。

播种量：一般饱籽亩用 10～15kg，亩出苗 3 万～8 万株。秋播不用覆盖，春播遇到干旱要覆盖，以保持苗床湿润，出苗后揭去覆盖物。经层积处理的种子播后 15～20d 即可出苗，此时期不灌水，特别干旱时喷一次水，切忌大水浸灌和圃内积水。

（三）管理

当幼苗长到 4～5cm 高时，进行间苗，苗间距掌握在 4～5cm。7～8 月是苗木速长期，需水量较大，若土壤干旱应及时浇水。苗圃要始终保持四无：无板结、无杂草、无积水、无病虫、保持不缺肥水。

苗期病害的防治：花椒苗易生叶锈病，其症状是叶背面锈红色不规则环状或散生孢子堆，防治的办法是：65%可湿性代森锌500倍液喷施。

苗期虫害的防治：主要防蚜虫，使用杀蚜药物如10%蚜克西或保硕一号生物农药喷施。苗期要达到苗全苗旺，亩留苗5万～6万株。

三、休眠和椒芽形成期

这主要是指日光温室花椒芽菜生产，生产过程包括起苗、栽植和管理。

（一）起苗

要注意四个方面的事项。

1. 起苗前浇水

起苗前浇水，而后在土壤未完全干燥时起苗，这样可保护花椒苗的须根，起出的花椒苗挺直粗壮，主根完整，须根较多。

2. 椒苗分级

由于花椒苗粗细高低不等，因此在起苗的过程中，边起苗边分级，将苗木按高、中、矮的程度分成大、中、小三级，分级的原因是在棚内定植时按矮、中、高比例定植，便于以后采摘和管理。

3. 起苗剪梢

粗高苗轻剪，细矮苗重剪，这样做的好处是利用苗木中端萌发壮芽，并且使抽芽的芽位下移，提高椒芽的产量和质量。

4. 随栽随浇

就近移栽时，不存在长途运输，因此，可避免风吹日晒，要边起苗边栽边浇水，保护好根系，长途运输调苗就更要保护好根系，起苗后蘸泥浆，避免风吹日晒，保护好根系。

（二）栽植棚室准备

定植前要做好准备，要施足有机肥和无机肥。一般要多施，施有机肥 3000～4000kg，这样做有利于满足高密度的花椒苗的营养需要。在施足有机肥的同时，应使用多菌灵和辛硫磷等药物对土壤进行消毒处理。

（三）栽植技术

栽植前先在棚内做好规划。即做好定植畦，株行距，作业道等，一般日光温室都是坐北朝南走向，因而苗床要做成南北走向，作业道也是南北走向，而行向做成东西走向。定植畦：宽 1.2m，作业道：0.5m，行距：0.2m，株距：0.04m，深度以埋至根茎部土印为准。

定植时按苗子大小，由小、中、大的顺序依次由南向北定植，形成椒苗南低北高的格局，棚前留 50cm；以便椒苗出芽后不顶住棚膜。定植时，随栽随踩，整平，排列整齐，保持畦面平整，以便于以后浇水，一般当天定植，当天浇水，以利土壤和苗根充分接触，提高成活率。

（四）管理

栽植结束后，就进入管理阶段。因此，栽植完毕时要扣棚，随后进行棚室消毒。一般每 100m³ 用硫黄粉 250g，锯末 500g，混合熏烟，同时用百菌清、烟熏剂熏棚，密闭 12h 后通风。

1. 温度

扣棚后的主要任务是解除花椒苗的休眠状态。花椒苗生育成落叶后，先在露天自然的条件下休眠 20d 后进入温室，用 30℃～40℃的棚温打破其休眠。白天 30℃～40℃，夜间 16℃左右，打破休眠需 30d 左右，若是白天 25℃，夜间 10℃左右，则打破休眠需 40d。

打破休眠后，花椒苗开始进入萌动状态，芽体萌动，此时温度可适当调低，保持 30℃左右，不能高于 35℃。

据观察，日均温在 10℃时椒芽日长 0.3cm，16℃时日长 1.5cm，因此在 11 月下旬到第二年 3 月下旬，温室夜间要盖草帘保温，加防寒膜，室温超过 30℃以上时，晴天中午要打开顶风通风 2～3h。

日均室温 15℃～20℃时，椒芽萌动到开叶需 7d 左右，再过 24d 左右，长到 15cm 左右即可采摘。

2．湿度

棚室湿度应保持在 80%左右，按湿度要求来决定花椒苗是否需要浇水或浇多少水，在保持湿度的情况下注意通风。因为长时间高温高湿，椒苗容易发病，椒芽的风味也差。应当注意的是：棚内充足的水分是必要的。因为棚内温度高、蒸发量大而且花椒苗的密度高，根系密、根系的吸水量大，因此保持充足的水分非常重要，由于浇灌的条件不一样。因此采取浇水的方法也不同，喷灌浇水是较好的方法，随时可以浇，而漫灌浇水就要浇透，隔一段时间再浇。在此基础上每天在晴天的中午进行叶面喷雾，喷至叶面滴水为止，这样可促使椒芽鲜嫩。

3．光照

充足的光照有利于光合产物的形成，光照充足则椒芽显红褐色，无光照或弱光照则椒芽显绿色，在椒芽生长过程中，光照的强弱要随时调整，在椒芽采收前 5～6d 须有充足的光照，以利于椒芽快速生长，之后在采收前进行适当的遮光，使椒芽免遭强光直射，有利芽体鲜嫩。一般在晴天 8 时至 14 时的时间里采取遮光措施，其余时间不遮光而由自然光线照射。

增强光照的办法是：卷草帘、除尖膜、敲膜滴。遮光的办法是使用遮阳网，遮阳网在棚内。遮光和地温是一对矛盾，过于遮光则地温底，椒芽生长慢，不遮光则地温高，椒芽生长快,但不利于椒芽鲜嫩，所以要调节好遮光的程度，即保持地温以使椒芽快速生长又避免强光，以便芽体鲜嫩。

4．科学追肥

由于椒苗密度大，需肥多，所以花椒芽菜的生长期内如发现肥力不足应及时追肥，补充营养。肥力不足的症状，一般都能从椒苗的长势上呈现出来，观察椒芽的长势就可判定是否需要追肥，肥力不足的表现是：椒叶发黄，生长慢，芽体瘦弱，细长，单芽重下降。缺氮是经常的，因此一般追肥都采取补氮的措施。追肥的方法有两种：一是根追，二是叶面喷追。根追一般用尿素，叶面追用磷酸二氢钾等。追肥的多少（数量）依据缺肥情况而定，一般亩用尿素至少 50kg，叶面肥追施按产量的说明配好比例，采一次椒芽浇一次水，轻追一次叶面肥。

（五）病虫害防治

花椒苗是木本植物，比较禾谷类或蔬菜类而言具有较强的抗性，一般少生病虫害，目前发现的花椒苗病害有炭疽病、枝枯病以及锈病等，虫害有蚜虫、桔啮跳甲等。

1．炭疽病

此病害为害叶片、嫩梢，病原的分生孢子借风、雨、虫等传播。一年中多次侵染为害，每年6～7月开始发病，8月为发病盛期。

症状：初期在发病部位有数个不规则分布的黑色小点，后期病斑变成深褐色或黑色，圆形或近圆形，天气干燥则病斑中央灰色，雨天则病斑呈粉红色凸起。此病一般发生于树势衰弱、通风不良的环境，高温高湿等发病较重。

防治方法：通风透光；按时喷波乐多液预防；发病期喷施600～700倍液的退菌特，连续喷2～3次。

2. 枝枯病

此病常发于主干或小枝分叉上，发病时初期明显，后期病斑表皮呈深褐色，边缘黄褐色，干枯下陷，微有裂缝，病斑多数呈长形，秋季在病斑上生有许多小黑点，病菌在病叶组织内越冬，传播借风雨和昆虫，一般从伤口进入，高温多雨常发生蔓延。

防治方法：增强树势，提高抗性；防止枝干损伤；剪除病枝集中烧毁；早春喷1:1:100倍波尔多液；也可喷50%退菌特可湿性粉剂500～800倍液防治。

3. 锈病

主要为害叶片。初期病叶正面出现点状清水状退绿斑，叶背面出现锈红色散生孢子堆，有的排列呈不规则环状，秋季在病叶背面出现橙红色，近胶质状的冬孢子堆凸起但不破裂，圆形或长圆形、排列成环状或散生。此病受降雨和树势的影响很大，阴雨露水天气有利于该病发生，发病初期，先从树冠下部叶片感染，以后逐渐向树冠上部扩展。

防治方法：加强管理，提高抗性；发病期喷20%粉绣宁1000倍液或65%的代森锌500倍液2～3次，即可控制。

4. 蚜虫

花椒蚜虫属同翅目，蚜科。这是花椒芽菜的主要虫害，主要为害花椒苗的叶、芽，造成叶片卷曲，嫩梢萎蔫、落叶。蚜虫一年发生 15 代左右，条件适宜时 4～5d 繁殖一代，一般一头蚜虫一天能产 4～5 头蚜虫，此虫以卵的形式在花椒枝干缝隙内小核分叉和枝梢褶皱处以及芽腋等处越冬，气温开始上升至 6℃时其卵就可孵化，一年内叶片生长期间一直为害。

防治方法：使用防虫网；农药喷施，保硕一号，这是一种生物农药；尿素 400g+洗衣粉 100g+水 50kg 喷药，喷药时间在 8～11 时或 15～18 时，杀虫效率均在 95%以上。

5. 花椒桔啮跳甲

这是一种恶性食叶害虫，该虫以幼虫潜食叶肉，造成大量椒叶只剩下表皮，最后焦桔，成虫直接咬食叶片，造成缺刻。越冬部位：成虫潜在树茎部及树冠下 3～6cm 深处的松土内，树干上的洞、缝和周围石头缝内。越冬成虫来年 5 月上旬出土上树，交尾产卵，5 月中旬产卵于叶背面叶尖端，成块状聚集。5 月下旬至 6 月上旬为产卵盛期，卵经 10d 左右孵化第二代幼虫，幼虫潜入叶肉内边吃边排粪，像线一样吊在叶上，有 4～15cm 长，幼虫成熟后钻出叶面自然落地，潜入土中，做土室化蛹，6 月中下旬为一代幼虫孵化盛期，也是一年中为害最严重的时期，幼虫经 15d 左右化蛹，蛹经 10～12d 孵化出成虫，同时出现第二代卵，7 月上中旬为二代卵孵化盛期，8 月上中旬为二代幼虫羽化盛期，9 月为二代成虫盛期。

防治方法：解冻后深翻树盘；4 月下旬越冬成虫开始出土前用1.8%阿维菌素每亩 60～80g 喷洒地面；4 月中旬用 2.5%溴氰菊酯

2000 倍液喷洒树冠，毒杀越冬成虫。在花椒芽菜病虫害的防治过程中，一定不能随意使用农药，这是保证芽菜绿色食品特性的重要环节，特别是在采摘时期内，要特别注意这一点。

（六）采收

椒芽生长到 15cm 左右时，颜色红褐或淡绿色即可因地制宜地进行采收。视生长情况可每月采收一次，或在 6～9 月气温高一般 20d 采收一次。事实上，由于温室内椒苗采光和受热部位不同而长势也不同，椒苗粗细大小不等，因而萌芽期也不同。因此整个温室内的椒芽不可能同时间采摘，采摘要有选择地进行，每两天采收一次，从 2 月上旬开始，一直到 9 月中旬结束，直到椒芽封顶。

采收是高产优质的关键措施之一，因此要重点把握采收要领，要注意的事项是：有选择、及时采。有选择就是说要选择标准芽，过小的不能采，及时采就是说采摘时期不迟不早，恰到好处。过早采摘则芽小产量低，更重要的是影响下茬生长，过迟采摘则会减少采摘茬次数，总产也会降低，也就是说过早过迟都会带来低产的结果。在采摘的过程中还要注意宁轻勿重，就是说每次采摘要留 2～3 片复叶，以促进下茎萌发，最后一茎需留下一部分侧芽不采，以使其长成辅养枝，恢复树势。标准芽的要求是：枝嫩、叶嫩、刺嫩、无蚜虫、无污染，即"三嫩两无"。

（七）装运

采摘下的花椒芽菜要及时装运保鲜，目前简单的方法是塑料袋和纸箱，用纸箱装运时，箱内要垫塑料布或薄膜，而且不可过于压实，以防发热变质，在 3℃～8℃，条件下纸箱装运可保持一个星期不变质，保持鲜嫩。

（八）恢复树势

花椒芽菜采摘到 9 月上旬结束，标志着当年的花椒芽菜生产在当年结束，此时椒树生长缓慢，即将封顶，生产了一年，也该休息了。此时，就由其自然落叶进入休眠，恢复"体力"，要注意的是不可马上追肥浇水，因为这样容易引起树体加快活动，消耗营养，不利休眠越冬。休眠后适当追肥浇水，以后随自然气候越冬，只是在越冬前喷施一次杀虫剂，以便为下年病虫害防治做好基础。

第三节　花椒芽菜的采收分级及贮运加工

一、花椒芽菜的采收

当年生苗木长到 45cm 左右时即可采收第一茬芽菜，一般当年生苗木可采摘 2～3 茬芽菜。第二年春季，当日平均温度稳定在 6℃以上时，芽体开始萌动，10℃左右萌芽抽梢，一般每株苗木上从顶部往下可同时生出 4～6 个嫩芽，最多可达 10 余个。各个芽位同时生长，但以顶部芽长得最快、最粗壮。由于个体的大小、营养及光照差异，芽菜的生长差异性较大。一般待幼芽长出 6～8 片小叶、长度在 12cm 以上时为最佳采摘时间，此时嫩芽及嫩叶淡绿色，气味芳香，应及时将上部嫩芽采摘，以促进下部芽生长，每次采摘时留 2～3 片复叶，以利于花椒苗（树）光合作用，促进下芽萌发，并留 1～2 个侧芽不采，使其自然生长，辅养树体，以利于更新。采摘下的嫩芽、叶片应逐一检查，除去部分残留的老叶、茎、刺，及时装入塑料袋或泡膜蔬菜箱中待售。在采摘芽菜时要根据芽菜的生长情况分批、分期及时采摘，不能过迟或过早，影响到花椒芽菜的产量，一般 20～25d 采收一茬。每亩当年可采摘芽菜 100kg 左右，3 年后亩产 900kg 以上，一次定植可连续采收十几年以上。

决定花椒芽菜产量的三个因素。亩产量（kg/亩）=花椒芽菜亩产量（kg/亩）=亩芽数÷斤芽数亩株数（株/亩）×株芽数（芽/株）斤芽数（芽/斤）。此公式说明：每 500g 芽数越少，亩产量越高；亩株数和株芽数越多，亩产量越高。亩株数和株芽数是辩证的关系，两者是成反比的。一般来说，亩株数越少，株芽数越多，而亩株数越多则株芽数越少（而且芽小，斤芽数越多），因此，在确定亩株数时（即密度)，要看树龄的大小，树龄越大，则亩株数越少，树龄越小，亩株数越多，同样，树龄越大，株芽数越多，树龄越小，株芽数越少。因此，根据树龄的大小确定亩株数，而且将亩株数、株芽数和斤芽数三者的比例调到最优，以获得高产。另外，与花椒芽菜品质有关的几个因素有：密度、树龄、肥水、光照、病虫害、采摘、适龄、免装、湿度、品种。由此说明，提高花椒芽菜的品质，应从多方面入手，不能只讲单方面。

二、花椒芽菜的分级及其规格

花椒芽菜通常分为两个级别，标准如下。

（一）一级品

色泽鲜绿，鲜艳有光泽，不萎蔫；质地脆嫩，易折断，断口齐整，无木质化；枝叶清洁，无病虫害，无斑点、无腐烂、无杂质、无异味、无水渍。在规格上，长度 5～10cm，同规格每批捆扎成 0.25kg，20 小捆，样品中不符合品质要求的淘汰，不合格率不应超过 5%，含水率≥85%。

（二）二级品

色泽较绿，有光泽，允许稍有萎蔫，质地较嫩，无木质化，无较重的病虫害。允许有个别斑点，枝叶清洁，无腐烂、无杂质、无异味、无水渍。稍有萎蔫，稍有病虫害的产品不能超过10%（以重计），腐烂率不能超过1%，含水率≥85%。

三、储藏、运输与加工

（一）储藏

采摘后的花椒芽菜在4℃左右的冷藏保鲜库中可以储藏1周左右。

（二）运输

花椒芽菜最好采用冷藏保鲜车进行运输。

（三）加工

目前加工方法有制罐、真空保鲜、加工芽菜辣酱等加工方法。

第九章　花椒主要病、虫、鼠、兔害及防治技术

　　病、虫、鼠、兔等危害是影响花椒生产的重要因素之一。花椒害虫种类很多，经调查，危害花椒根系、枝干、叶片和花器、果实的害虫（害螨）达180多种，危害严重的害虫有100多种。危害花椒的害鼠有10种左右，其中以鼢鼠、黄鼠、沙土鼠、金花鼠危害严重。危害花椒的病害有35种左右，危害严重的病害有20多种。临夏花椒产区因各种病害虫的严重危害，致使花椒产量下降，品质降低，树势衰弱，甚至造成整枝、整株死亡，严重地阻碍花椒生产的发展，挫伤了椒农种植花椒的积极性。据调查，临夏花椒产区发生过的灾害性虫害有蚧壳虫、红蜘蛛、跳甲、蚜虫等，病害有花椒干腐病、花椒流胶病、煤污病、炭疽病等。如果防治不当或疏于防治，这些病虫害会大面积发生，直接造成花椒减产甚至绝收，严重时可造成花椒树死亡。例如，花椒跳甲危害花椒，一般以幼虫危害复叶柄造成枯萎率27.2%～64.2%，高达87.8%；危害花序柄和花蕾造成枯萎率43.9%～82.1%，高达100%，危害严重的椒树甚至颗粒无收。据调查，2008年之前的近十年，临夏花椒产区花椒绿绵介普遍发生，特别是临夏县莲花镇、东乡县河滩镇、积石山县银川镇和安集乡等花椒主产区，花椒绿绵蚧一度猖獗，危害严重的花椒园，虫口密度之大，危害之严重，令人瞠目结舌。据实地调查，有些花椒树一年生枝梢不到10cm，花椒绿绵蚧数量20头以上，整个树枝都是花椒绿绵蚧。大量花椒绿

绵蚧的排泄物粘连在叶片、枝干表面、花椒果实上，造成花椒煤污病的严重发生，大面积的花椒树从上往下看一片黑色，看不见花椒叶片的绿颜色，花椒红色的果皮也被沾满了黑色霉层，不仅严重影响了花椒产量，也大大降低了花椒果皮的商品成色。直到2008年1月份，近40d的低温天气，直接冻死了大量的花椒绿绵蚧，绿绵介虫口密度急剧下降，有些乡镇花椒园花椒蚧壳虫几乎完全消失。目前临夏花椒产区又出现了零星的花椒绿绵蚧危害状况。2020年，临夏县莲花镇局部发生了花椒炭疽病，造成近2000亩花椒落果绝收。自2000年以来，临夏县莲花镇、东乡县河滩镇、积石山县银川镇和安集乡的花椒产区，花椒流胶病普遍发生，加之冻害危害，造成花椒林地大面积减退。粗略估计，临夏县莲花镇花椒林地退化率在15%左右、南塬乡30%以上，东乡县河滩镇花椒林地退化率在20%左右，积石山县银川镇10%左右。随着大量花椒树树龄的增大，病虫害也日趋严重，导致临夏花椒林地减退率一直在不断地增加。所以花椒病虫害已成为制约临夏花椒发展的瓶颈问题。

对于以上这些病、虫、鼠、兔害，凡是椒农们积极进行防治的，其花椒果实产量和品质就大大提高，反之则产量较低、品质低劣。

在花椒病虫害的防治上，应本着"预防为主，综合防治"的原则，就是说一方面根据各地气候、地理情况的不同，栽培适宜的品种，掌握不同病虫害发生的规律，在病虫危害之初或未明显造成危害之前，依据当地当时的具体情况，因地制宜，采取有效的防治措施；另一方面要尽最大可能防止病虫害的扩散蔓延。所谓综合防治，不是各种防治方法的简单凑合和排列，而要协调各种方法，取长补短，相互配合，组成一个比较完整的有机结合的防治体系。

第一节　花椒病虫害的综合防治

一、无公害防治原则

花椒无公害防治，必须贯彻"预防为主，科学防控，依法治理，促进健康"的方针。以林业措施和物理防治为基础，生物防治为核心，按照花椒树主要病虫鼠兔害的发生、发展规律，科学合理使用化学防治手段，选择安全、高效、低毒、无污染的无公害农药，经济、安全、有效控制病、虫、鼠、兔害，科学预测预报，加强群防群治。

二、病虫害防治措施

花椒病虫害的防治要贯彻"预防为主，综合防治"的植保方针，因地制宜，根据花椒不同品种、不同防治对象，采取相应的防治措施，达到既经济、安全又高效地控制病虫危害。按照作用原理和应用技术，防治方法可分为植物检疫、林业技术防治、物理机械防治、生物防治和化学防治五类。

（一）植物检疫

中国为了防止危险性病虫害侵入蔓延，颁布了法令和条例，对植物及其产品在运输过程中进行检验，发现带检疫对象时严禁调入或调出，杜绝其扩散传播，这种措施称为植物检疫。植物检疫分对外、对内检疫。对外检疫是要防止危险性病虫害传入中国或输出国外,包括进出口和过境检疫,受检验物品查明无检疫对象时方能签证输入或输出。对内检疫是为了将国内局部地区发生的危险性病虫害封锁在发生区内,防止其扩散蔓延到其他地区。

(二)林业技术防治

在栽培花椒之初就应注意防止病虫的危害,创造有利于花椒生长发育的有利条件,使其生长健壮,增强抵抗能力,制造不利于病虫侵入的环境条件,从而减轻病虫的危害。

1. 种植无病虫种苗

选择生长健壮、无病虫或病虫少的花椒种苗栽种,假如种苗上有少量病虫,可在未栽种以前先用药剂处理,以减少病虫危害。

2. 选择适宜种植花椒的土壤

栽种花椒之前,选择土质疏松、排水通气良好、腐植质多的土地。在栽种前还应翻耕土壤,可杀除土中部分蝼蛄、蛴螬、地老虎等害虫。翻耕后经过暴晒,或用 1:50 倍的福尔马林液进行土壤清毒,可以杀死土中的某些病原物。

3. 合理施用肥料

肥料是花椒生长过程中所必须的营养物质,施用过多、过少对花椒生长都不利。肥料分有机肥和无机肥两类。有机肥有牛粪、猪类和人粪尿等,施用有机肥可以改善土壤的物理性状,使土壤疏松,通气良好。无机肥有碳胺、尿素和过磷酸钙等。施用无机肥见效快,但长期使用对土壤物理性状不好。所以两者兼施比较适宜。化肥三种主要元素中,氮肥适于枝叶生长,过多使枝叶徒长,组织柔软,容易遭受蚜虫、病原菌侵染危害。氮肥不足,使枝叶黄化纤细,抗病虫能力差。钾肥缺少时,叶片皱缩,枝干纤细,抗病虫及抗寒、抗旱能力都差。磷肥不足有碍花芽形成或落花。肥料还应注意适时施用，一般春季施氮、钾肥，开花结果前施些磷肥，让花椒先长枝叶，再促进开花结实。

4. 适时浇水

由于浇水少会使花椒枯干，浇水多会使花椒烂根，影响生长。因此浇水应适时，夏季浇水以早、晚为宜，不能中午浇水；春季浇水应在中午进行。

5. 其他

花椒在管理过程中，要注意整形修剪、中耕除草等，这些都必须精细操作。剪去徒长枝、病虫枝叶。修剪用的工具必须事先进行消毒，可减少病虫侵染。

（三）物理机械防治

这是利用物理和机械的方法来防治病虫害。物理因子有光、湿度、电、激光、放射能等。晚上用黑光灯，诱杀趋光性强的害虫。温水浸种可杀死种子上的虫卵和病原物等。翻土暴晒或冷冻，也能杀死土中的病原物。

（四）生物防治

生物防治是利用自然界存在的生物，或生物的代谢物来控制病虫的生长发育和繁殖，减轻病虫危害。生物防治对人畜安全，不污染环境，又不伤害天敌，并能长期起作用，但是见效比较慢。

1. 以菌治病

这是利用微生物与病原物之间的拮抗作用。用各种抗生素、生物激素来控制病原物的侵染和危害，如花椒炭疽病等，就用抗霉素、放线菌酮等微生物产生的抗菌素药剂进行防治。对土传病害，利用促进土中某些腐生微生物本身的生长，产生花椒与微生物间相互的拮抗作用控制病害。但也可施用抗菌肥来预防某些病害的发生等。

2. 以菌治虫

利用寄生在害虫身体上的病原物来治虫。其病原物有细菌，如1978年在山楂娟粉蝶幼虫病体内分离出的苏云金杆菌——7805杀虫菌，防治鳞翅害虫效果很好。真菌如白僵菌可寄生于许多目科中的害虫。病毒如核型多角体病毒(NPV)，防治刺蛾类、蓑蛾类等害虫效果也非常好。

3. 以虫治虫

利用天敌昆虫防治危害花椒的害虫，分捕食性和寄生性两类天敌。捕食性天敌有大红瓢虫捕食吹绵蚧、黑缘红瓢虫捕食球坚蚧，七星瓢虫、草蛉、食蚜蝇扑食蚜虫，步行虫捕食地老虎等。寄生性天敌有上海青蜂寄生黄刺蛾、赤眼蜂寄生山楂娟粉蝶、蚜茧蜂寄生蚜虫、肉食螨寄生叶蝉和蚜虫等。

4. 其他生物防治

招引鸟类如啄木鸟啄食天牛、吉丁虫、黄刺蛾等害虫。栽培流泪草、虎刺梅等，其分泌的稠黏液可招引害虫而将其致死。

（五）化学防治

利用化学药剂的毒性来防治病虫害，保护花椒的正常生长、开花结果。化学防治具有杀菌、杀虫谱广、见效快、效益高等优点，但是化学防治往往伤害天敌，污染环境，引起病虫产生抗药性，而且投资费用比较高。

三、做好预防工作，防止病虫害发生

防治花椒病虫害，要结合以上防治方法，做好预防工作，防止病虫害的发生。一旦病虫害发生了，还必须及时防治，防止病虫害扩大蔓延，避免造成不应有的损失。为此，必须做好以下几方面的工作。

（一）**掌握病虫害的发生规律**

防治病虫害怎样掌握病虫害的发生规律呢？这就是说，要了解病和害虫是什么样的，一般在什么情况下发生的（如天气的冷暖、干湿），病是怎样传染的，害虫一年发生几代（几次），是怎样危害的。只有了解了这些情况，才能根据天气的变化及椒树生长情况，随时进行检查，及时发现病虫害。同时，还能根据病虫害的特点，创造出适合当地实际情况的有效防治方法。

要掌握病虫害的发生规律，必须做好检查工作。只有经常地、细致地进行检查，才能了解病虫害发生、变化情况，才能对病虫得出科学的知识，在什么情况下发展，便可抓住关健措施，及早进行防治，直到彻底消灭。另外，病虫害发生和发展情况，各地不会完全一样，因此千万不要认为"张三是这样说的""李四是那样做的"，也就机械地照样去做。这样如不符合当地情况，防治效果一定不大，甚至造成浪费和不应有的损失。所以防治花椒病虫害要根据当地、当时的具体情况灵活应用，才能收到好的效果。

（二）**彻底做好预防工作**

在防治椒树病虫害工作中，做好预防工作是关键。这是因为，病虫害没发生前做好预防工作，就能使病虫害不发生或发生得轻。同时再做好防治工作，就能使椒树不受害，保证增产。

防治椒树病虫害，除经常注意防治外，还应在冬季彻底做好预防工作，因为害虫冬天藏在土里、石头缝里、老树皮里，或是在枯枝、落叶和杂草根上过冬，不吃也不动，病菌在冬季也不繁殖。所以冬季防治椒树病虫害最容易，也最有效。

1. 搞好椒园卫生，清除病虫枝叶等杂物

曾经生了病或受了虫害的椒树枝叶，常常带有病菌或害虫的幼虫和卵等。如叶霉病、灰斑病的病菌孢子，主要是在有病的落叶中越冬，有些害虫是在杂草、落叶或石头缝里越冬，如蚜虫有一部分是在杂草根上越冬的，花椒绵粉蚧等就是在树皮裂缝、树窟窿或石块底下越冬的。冬天把椒园里的落叶、杂草清除干净，石块里边也要仔细清理，并把打扫的落叶、杂草等烧掉。这样就可以防止一部分病虫害的发生，至少可以减轻病虫害。

在冬耕或冬刨时，若不能把落叶和杂草完全深埋，那么清理椒园最好在冬耕、冬刨前进行。因为在冬耕、冬刨后进行，没被深埋的带有病虫的杂草、落叶、枯枝等，就很难打扫干净。

清理的杂草、落叶、枯枝等要带回家去，在"惊蛰"前完全烧掉，或就地烧掉，千万不要留在椒园里。如果在椒园里烧，要离开椒树远一点，免得把椒树烧坏了。如果在山上烧，要注意防止引起火灾。

2. 冬耕或冬刨

有些害虫，是在土里越冬，翌年再出来繁殖危害，如花椒跳甲是以成虫在土里越冬，木尺蠖是以蛹在土中越冬的。如果在地皮上冻时，椒园里普遍冬耕或冬刨一次，不但能把藏在地下的害虫翻到地面上来冻死或让鸟吃掉，还可以使表土松软，熟化土壤，多积雨雪，保持土壤里的水分，对椒树的生长有很多好处。

椒园冬耕或冬刨的目的，主要是为了消灭害虫。因此在冬耕或冬刨的时间上，一般可比普通冬耕的时间晚一些，最好在地面稍微有点冻的时候开始。冬耕时，一般多用大犁深耕。大椒树底下不能行犁时，可以适当地刨。冬耕或冬刨过的椒园，最好耙几遍，以保持土壤中的水分。

3. 刮除老树皮

老树皮的裂缝，是害虫的卵、幼虫、蛹或成虫潜藏在里面越冬的好地方。如红颈花椒跳甲的成虫、花椒绵粉蚧的幼虫（若虫）

等，都是在椒树的老树皮下越冬的。有许多病菌孢子也是在树皮上越冬的。冬天刮除老树皮，并把刮下来的树皮烧掉，就能消灭其中的病菌和害虫。

刮树皮要掌握好时间，一般在冬季上冻后到春季"惊蛰"前，都可以刮树皮。因为这时候正是冬天不太忙的时候，可以精细刮除，掉在地上的幼虫、蛹等，也很容易被冻死。但在比较寒冷的地方，为了防止椒树被冻坏，在"立春"以后、"惊蛰"以前刮树皮最适宜。"惊蛰"以后椒树就要发芽，虫子也开始活动了，这时侯刮树皮，就起不到防治病虫害的作用了。刮树皮的时候，用刀把老皮刮掉，把虫子或虫卵清除出来就行，太深太浅都不合适。要刮得彻底光滑无缝，但不要伤着里边的嫩皮。同时，刮树皮的时候，要先用麻袋，或布单子，或塑料布铺在树干周围的地上，接着刮掉的老树皮、碎屑和虫卵、幼虫、蛹等，及时就地烧掉，免得虫卵、幼虫、蛹等落在地上，继续繁殖危害。

4. 要剪去病虫枝

有许多病菌孢子以及害虫的卵、幼虫、蛹等，都是在被害的椒树枝条上越冬。如花椒豹蠹蛾的幼虫、棉蚜的卵、刺蛾的蛹等，都是在椒树枝条或芽子里越冬。在冬季修剪椒树时，要仔细检查，发现有病虫的枝条或芽子就剪下来，及时烧毁。剪除病虫枝条，从秋季落叶后，到春季"惊蛰"前的一段时期最适宜，因为这时树叶已落，病虫枝、芽很容易分辨，害虫的幼虫和卵正在越冬，不能跑掉或孵化。"惊蛰"以后，害虫有的已经活动危害，这时再剪除虫枝、芽，就没有作用或作用不大。所以剪除病虫枝、芽的时间，最晚也不能错过"惊蛰"，定要在"惊蛰"前全部剪完。

5. 喷洒农药进行预防

病菌、害虫无孔不入，无论怎样用人工办法防治，总是难免还有一部分残留在椒树上。因此做好以上四项工作之后，在 3 月底 4 月初，花椒树还没有发芽的时候，再喷一次 5 波美度石硫合剂，或 100 倍的福美砷，就能把藏在椒树枝干上的蚧壳虫、叶螨、白粉病、白色腐朽病等大部分害虫和病菌消灭掉。

除前面介绍的五种方法外，平时要注意加强椒树管理，做好修剪和施肥工作，使椒树生长健壮，增强椒树对自然灾害的抵抗能力，病虫害自然也能减轻。以上方法，必须做得彻底，预防病虫害的作用才大。

（三）发现病虫害应及时防治

预防病虫害的工作做好了，一般就可以避免椒树病虫害的发生，或减轻病虫危害，但决不能因为做过预防工作就万事大吉了。因为病菌孢子的生活力很强，往往长时间死不了，它们借风、雨水、土壤等传染，会再蔓延危害。害虫能飞、能爬，而且繁殖的很快。就是连年做好了预防工作，本乡、本村里的椒树上已经没有了病虫害，但别的乡、村椒树上的病虫害也会蔓延过来。所以，椒树病虫害除了年年做好预防工作外，还要随时注意病虫害的发生和防治。如果已发现了病虫害，就要贯彻"治早、治小、治了"的方针，及早捕灭。

1. 结合椒树的管理工作

深入细致进行检查。由于病虫害的发生，特别是预防工作做好的情况下，最初发生的时候总是很少很小，如不深入仔细地检查，很难发现。检查时，除了过去曾遭受过病虫害的椒树要仔细检查外，好树也要检查。由于受到病虫危害的椒树，虽经过防治，但可能还有遗留下的病菌孢子、虫卵、蛹等；再说，椒树病虫害的种类很多，防治了这一种，那一种可能又传染繁殖危害。因此应普遍地、细致地进行检查。

2．发现病虫害以后，应立即及时防治

病虫害刚发生时，往往很小很少，危害也不明显。不要认为危害不大，用不着防治，或晚几天防治没关系。这种麻痹思想是不对的。因为病菌和害虫在适宜的环境条件下繁殖、蔓延的非常快，如果在它很小很少的时候就消灭掉，不但能使椒树受害轻，而且也节省很多人力、物力。如果等病虫蔓延开了再进行防治，不但椒树严重受害，直接影响了产量，而且也要消耗很多人力、物力，得不偿失。

3．病虫害发生后，还应连续进行防治

无论是用人工防治、林业技术措施防治、物理机械防治、生物防治，还是化学药剂防治等，往往不能一次就全部消灭掉病虫害，遗留下来的还会继续蔓延危害。因此，必须连续进行防治，直到彻底控制危害。

总之，除了做好预防工作外，平时要经常注意检查，一旦发现病虫危害时及时进行防治，直到彻底控制危害为止。只有这样，才能使椒树不受病虫的危害，或减轻危害，达到椒树健壮生长，获得高产的目的。

第二节　花椒主要虫害及防治技术

害虫可危害花椒树的花器、果实、叶片、枝干、地下根等。其中危害花器、果实害虫以幼虫蛀食花椒花序的花梗和花蕾，致使花序萎蔫黑枯、花蕾蛀空或啃食残缺不齐，有的害虫还蛀食幼果，将果实种子食空；危害花椒叶片的害虫均将叶片食成刻缺和洞孔，甚至把叶片吃光，它们主要有花椒凤蝶、大蓑蛾、樗蚕、黄刺蛾、木撩尺蠖等；危害花椒树枝干的害虫潜伏于树干皮层内，或蛀入木质部取食危害，造成大小不一的虫孔、虫道，阻碍水分和养料的正常输送，影响树体生长，致使树势衰弱，甚至造成椒树死亡，它们主要有天牛吉丁虫、蚱蝉、花椒瘿蚊及木蠹蛾等；危害地下根部的害虫主要有地老虎、蛴螬、蝼蛄和金针虫等。还有危害花椒的刺吸害虫，它们均以刺吸口器吸取叶片、嫩枝、枝干和果实的汁液，危害严重时可使叶片焦枯，枝干枯死，是花椒的一类重要害虫，这一类害虫，一般个体小，繁殖率高，世代多，容易大发生，主要害虫有蚜虫、斑衣蜡蝉、大青叶蝉、椿象、蚧壳虫、木虱等。

一、棉　蚜

棉蚜（*Aphis gossypii*），又名花椒蚜，俗称蜜虫、腻虫、油早、早虫等，属于同翅目，蚜科。

（一）分布与危害

棉蚜是世界性害虫，分布广，危害重。寄主除花椒外，还有寄主植物约 74 科，280 多种。以若虫群集花椒新生嫩梢、叶片及果实上吸食汁液，被害部位扭曲变形，果实及叶片脱落，影响椒树生长发育，产量降低，品质变劣。

（二）形态特征

有翅胎生雌蚜体长 1.2～1.9mm，黄色、浅绿色或深绿色，触角丝状，6 节，前胸背板黑色。翅膜质透明，翅痣灰黄色，前翅中脉分三叉。腹部背面两侧有黑斑 3～4 对，腹管暗黑色，圆筒形，表面有瓦状砌纹。无翅胎生雌蚜体长 1.5～1.9mm，体黄色或绿色，全体被有薄白蜡粉。前胸背板两侧各有一个锥形小乳突，腹部背面几乎无斑纹，尾片乳头状，青色或黑色，两侧各有 3 根弯曲的毛。卵椭圆形，长 0.5～0.7mm，初产时橙黄色，后变为漆黑色。若虫无翅若蚜与无翅胎生雌蚜相似，体较小，尾片不如成虫突出，夏季为黄色或黄绿色，春秋季为蓝灰色，复眼红色。有翅若蚜夏季淡红色，秋季灰黄色，胸部发达，两侧生有翅芽，腹部背面有白色圆斑 4 列。

（三）生活史与习性

棉蚜在中国各地每年发生 20～30 代，以卵在花椒等寄主枝条上和杂草根部越冬。翌年 3 月下旬卵孵化后的若蚜称为干母，干母一般在花椒上繁殖 2～3 代后产生有翅胎生蚜，有翅蚜 4～5 月间飞往农田或其他寄主上产生后代并危害，滞留在花椒上的棉蚜到 6 月上旬以后全部迁飞。8 月份有部分有翅蚜从农田或其他寄主飞到花椒上，第二次取食危害，此一时期正是花椒新梢的再次生长期。一般 10 月中下旬迁移棉蚜便产生性母，性母产生雌蚜，雌蚜与迁飞来的雄蚜交配后，在花椒枝条皮缝、芽腋、小枝叉或皮刺基部产卵越冬。

棉蚜对花椒危害的轻重程度与气候有很大关系。春季气温回升快，繁殖代数增多，危害一定很重；秋季温暖少雨，不但有利于蚜虫迁飞，也有利于蚜虫取食和繁殖。但是蚜虫的天敌种类较多，如七星瓢虫、草青蛉等，对蚜虫抑制作用好。

（四）防治方法

1. 生物防治

中国利用瓢虫、草青蛉等治蚜已收到很好效果。生产中使用助瓢迁移治蚜的办法，效果颇好。在椒园中恒定保持瓢虫与蚜虫1:200 左右的比例，便可不用药，利用瓢虫控制蚜虫。

2. 化学药剂防治

（1）4 月间于蚜虫发生初期和花椒采收后，用 25%唑蚜威乳油 1500～2000 倍液，或 20%杀灭菊酯乳油 3000～3500 倍液，或 24.5%艾福丁乳油 1500～2000 倍液，或 1.45%捕快可湿性粉剂 800～1000 倍液，或 20%好年冬乳油 1000～1500 倍液，或 4.5%高宝乳油 2500 倍液，或 70%艾美乐水分散粒剂 1000～1500 倍液均匀喷雾进行防治。

（2）花椒萌芽期或果实采收后，用 50%甲胺磷乳油，或 50%甲拌磷乳油与柴油分别按 1:50、1:100 倍液，在树干 30～50cm 高处涂一条 3～5cm 宽的药环，治蚜效果较好。

二、花椒吉丁虫

花椒吉丁虫（*Agrilus zanthoxylumi*），又名花椒窄吉丁虫，属于鞘翅目，吉丁虫科。

（一）分布与危害

花椒吉丁虫分布于甘肃、陕西及华北花椒产区。甘肃天水、临夏、陇南地区各县（市）及舟曲的花椒产区受害严重。该虫以成虫取食叶片，幼虫蛀入三年生以上，或干径 1.5cm 以上的花椒树的根颈、主干、主枝及侧枝的皮层下方，蛀食形成层和部分边材，随虫龄的增大，可逐渐潜入木质部内危害。由于虫道迂回曲折，盘旋于一处，充满虫粪，致使被害处的皮层和木质部分离，引起皮层干枯剥离，使花椒树长势衰弱，椒叶凋零，果实品质降低，严重者造成枝条干枯或整株枯死。

（二）形态特征

成虫体狭长，长 8～10mm，宽 2.3～2.8mm，体黑色，具紫铜光泽，被有灰白色短弯毛。头、前胸背板有粗糙的皱纹，头横宽，额部具"山"形沟，复眼大，几乎与前胸背板相连接。鞘翅灰黄色，密布小刻点，每个鞘翅上前半部具"S"形黑斑，后半部具飞碟形及方形黑斑各一个。有的个体略呈四个"V"形，紫部各节后侧角尖刺状凸出，蓝色斑，鞘翅末端锯齿状。腹末端背板二叶状叠置。卵扁椭圆形，长约 1mm，初产时乳白色，渐变为黄色、红棕色，孵化前棕色。常 3～10 粒聚成块，卵块中的卵呈不规则状，卵块表面覆一层白膜。幼虫体长 17～26.5mm，扁平，白色或淡黄色，头部小；前胸膨大，扁圆形，背面和腹面中央各有一条褐色纵沟，中后胸均狭小。腹部末端有一对黄褐色，或深褐色的钳状突，钳突锯齿状。蛹裸，扁而狭长，体长约 9mm，头顶中央凹陷，使头部呈双峰状，前翅伸至第五腹节的后缘，腹部末端背板的中央有纵沟。体色初为乳白色，渐变为淡黄色，后变为青铜色。

（三）生活史与习性

该虫每年发生 1 代，以幼虫在寄主皮层和木质部的隧道内越冬。翌年春季花椒萌芽时，继续在隧道内活动危害。4 月中下旬幼虫开始化蛹，5 月上旬到 6 月下旬为化蛹盛期，蛹期 18～20d。6月上旬成虫开始羽化出洞，6 月下旬达盛期，成虫羽化后在蛹室停留 7～10d 后出洞。成虫的羽化孔上圆下直，馒头状。7 月上旬开始交尾产卵，中旬为盛期，7 月下旬卵孵化，到 8 月上旬为幼虫孵化盛期，初孵幼虫蛀入皮层后，经数月蛀食，即进入越冬状态。

成虫具有假死习性和喜热、向光习性，飞翔迅速，成虫寿命20～30d。出洞后先取食椒叶补充营养，10～11 时最活跃，常活动于树冠下层的枝丫等处。2～3d 后交配产卵，每头雌虫产卵 11～37 粒，最多达 65 粒。卵多产成块，以主干 30cm 以下的粗糙表皮、裂皮、皮刺基部、小枝丫基部等处最多。卵期约 24d，初孵幼虫常群集于树干表面的凹陷或皮缝内，经 5～7d 分散蛀入皮层，幼虫在串蛀过程中，自隧道向皮层外每隔 1～3cm 开凿一个月牙形通气孔，不久自通气孔流出褐色胶液，20d 左右便形成明显的胶疤。蛀入皮下的幼虫在皮层、木质部内取食危害。以小龄幼虫在皮层下，或大龄幼虫深入木质部 3～6mm 处越冬。

（四）防治方法

1. 人工防治

（1）花椒整形修剪时，应及时清除死亡的椒树及干枯枝条。

（2）花椒吉丁虫发生轻时，及时刮除新鲜胶疤，或用小铁锤击打胶疤，消灭幼虫。

2. 化学防治

（1）花椒萌芽期，或果实采收后，用40%氧化乐果乳油、猪油与柴油（或煤油）分别按照 1:50:100 倍液，在花椒树干基部 30～50cm 高处，涂一条宽 3～5cm 的药环，杀死侵入树干内的幼虫。或者当侵入椒树皮层的幼虫少时，在果实采收后用刀刮去胶疤及一层薄皮，用上述药剂涂抹，以触杀幼虫。发生量大时，用氧化乐果与煤油（或柴油）1:150 倍液涂抹，或 80%敌敌畏乳油加水 1:3 涂抹。

（2）在成虫出洞高峰期，可用 50%敌敌畏乳油 2000 倍液，或 50%乐果乳油 1500 倍液，或 90%晶体敌百虫 1000～1500 倍液，或 2.5%敌杀死乳油 2000 倍液，或 4.5%高宝乳油 2500 倍液均匀喷布，消灭成虫。

三、斑衣蜡蝉

斑衣蜡蝉（*Lycorma delicatula*），俗称樗鸡、春姑娘、花姑娘等，属于同翅目，蜡蝉科。

（一）分布与危害

斑衣蜡蝉分布于甘肃、陕西、山西、四川、江苏、浙江、河南、北京、河北、山东、广东、台湾等地。危害花椒、香椿、臭椿、刺槐、楸、榆、青桐、枫、栎、合欢、杨、杏、李、桃、海棠等植物。成虫、若虫刺吸寄主植物汁液，致使叶片萎缩、枝条畸形，并分泌露状排泄物，招致霉菌发生，使树皮易破裂，从而造成病菌的侵入，导致椒树枯死。

（二）形态特征

成虫体长 14～22mm，翅展 40～52mm。头部小，淡褐色，复眼黑色；触角生在复眼下方，红色，歪锥状；口器长过后足基部。前翅革质，长卵形，基半部淡褐色，上布黑斑 10～20 余个，端半部黑色，脉纹白色，后翅膜质，扇形，基部鲜红色，有黑斑 6～8个，端部黑色，在红色与黑色区域间，有白色横带，脉纹黑色。浙江的蜡蝉有变异，前胸与前翅带有绿色，后翅横带为绿色。卵长圆形，褐色，长约 3mm，宽约 1.5 mm，高约 1.5 mm，背面两侧有凹入线，中部成纵脊起，脊起的前半部有长卵形的孔盖，脊起前端为扁状凸出；卵的前面平截或微凹，后面钝圆形，腹面平坦。若虫 5 龄。1 龄若虫初孵时白色，后转灰色，最后成黑色，体背有白色蜡粉组成的斑点，头顶有脊起三条，中间一条较浅，触角黑色，梗节具鼓状感觉器两个，足黑色，前足腿节端部有三个白点，中足、后足仅一个白点，胫节的背缘各有三个白点。2 龄若虫体长 7mm，宽 3.5mm，触角梗节的鼓状感觉器为两层，共 10 个，体形似 1 龄若虫。3 龄若虫体长 10mm，宽 4.5mm，体形似 2 龄若虫，白色斑点显著，头部长于 2 龄若虫，触角梗节有鼓状感觉器 10 余个。4 龄若虫体长 13mm，宽 6mm，体背淡红色，头部、触角两侧及复眼基部黑色，触角梗节着生鼓状感觉器约 60 个，翅芽明显，足黑色，布有白色斑点。

（三）生活史与习性

斑衣蜡蝉在西北地区的甘肃每年发生 2 代，以卵越冬。翌年 5 月中旬若虫陆续孵化，开始危害，7 月中上旬成虫羽化，8 月中旬交配产卵。10 月下旬因气温底，迟羽化的成虫未来得及产卵，即僵死在寄主主干上。成虫危害长达 5 个多月，卵产于树下的向阳面，或大枝的下方。卵常产在一起，呈块状，卵块表面覆一层由白转灰，到最后成土黄色的粉状疏松蜡质块状卵斑，卵排列整齐，每块一般 5～6 行，每行 10～30 粒，乃至百余粒不等。初孵若虫在嫩叶上取食，成虫、若虫均有群集性，常数十头至数百头栖息于树干或枝叶上。遇惊扰，虫迅速向一侧移动，并跳跃以借助飞翔。取食时，口器插入植物组织内颇深，树汁常由伤口流出。斑衣蜡蝉的排泄物易诱发煤污病，削弱树势。斑衣蜡蝉的发生与气候的关系密切，秋季多雨，影响产卵量和孵化率；低温、寒流早临时，成虫寿命大大缩短，来不及产卵就死亡，反之，则猖獗，易酿成灾。斑衣蜡蝉天敌种类较多，如舞毒蛾，平腹小蜂和若虫寄生蜂——螯蜂等，对斑衣蜡蝉抑制作用较大。

（四）防治方法

1. 人工防治

8 月中下旬组织人力用木棍挤压卵块灭卵，或人工剪除卵块，集中一起烧毁或深埋。

2. 化学防治

若虫孵化期间，选用 80%敌敌畏乳油、或 40%氧化乐果乳油、或 40%水胺硫磷乳油、或 50%马拉松乳油，或 50%杀螟松乳油 1000～1500 倍液喷雾，防虫效果都很好。

3. 保护天敌

结合剪除卵块，保护利用天敌，尽量减少使用化学农药。

四、大青叶蝉

大青叶蝉（*Tettigella viridis Linnaeus*），属同翅目蝉科，又名青叶蝉、青叶跳蝉、大绿浮尘子。甘肃各地普遍发生，食性很杂，为害花椒、核桃、桃、李、苹果、梨、柿、板栗、桑等树种。成若虫刺吸叶片汁液，使叶片发黄，影响光合作用。成虫产卵时将产卵管插入枝条皮层，上下活动，刺成月牙形伤口，易被病菌侵染，造成更大为害。

（一）形态特征

成虫：雌虫体长 9～10mm，头宽 2.4～2.7mm，雄虫体长 7～8mm，头宽 2.3～2.5mm，体黄绿色,头橙黄色，两颊微青，在颊区近唇基缝处左右各有一小黑斑；触角窝上方、两单眼之间有一对黑斑。复眼三角形、黑褐色，有光泽。前胸背板淡黄绿色，后半部深青绿色，小盾片淡黄绿色，中间横刻痕较短，不伸达边缘。前翅绿色带有青蓝色泽，前缘淡白，端部透明，翅脉为青黄色，具有狭窄的淡黑色边缘，后翅烟黑色，半透明。腹部背面烟黑色，两侧及末节色淡，为橙黄带有烟黑，胸、腹部腹面及胸足橙黄色，附爪及后足胫节内侧细条纹、刺列的每一刺基部黑色。

卵：长卵圆形，长 1.6mm，宽 0.4mm，白色微黄，稍有弯曲，表面光滑，常以 10 粒左右排列成卵块。

若虫：1 龄、2 龄若虫体色灰白而微带黄绿色，2 龄色略深，头冠部皆有 2 黑色斑纹，胸腹部背面无条纹。3 龄若虫体色黄绿，除头冠部具 2 黑斑外，胸、腹部背面出现 4 条暗褐色条纹，但胸部侧缘的两条只限于翅芽部分，未能连贯腹背，翅芽已出现。4 龄若虫体色黄绿，翅芽发达，中胸翅芽已伸过中胸节基部，腹末节腹面出现生殖节片。5 龄若虫中胸翅芽后伸，几乎与后胸翅芽等齐，超过腹部第 2 节。跗节 2 节，但在第二跗节中有一缺刻，常误为三节。腹末节的腹面有 2 生殖节片，各龄若虫体长分别为：1.4～1.8mm、2.1～2.3mm、3～3.6mm、3.5～4.1mm、6.8～7.2mm。

（二）生活史及习性

一年发生 3 代，以卵越冬。翌年 4 月下旬至 5 月上旬孵化出若虫，转移为害农作物、杂草等。5 月下旬发生第 1 代成虫，7 月上旬发生第 2 代成虫，第 3 代成虫发生在 8 月下旬。10 月份"霜降"以后，农作物已收割，大多数植物枯萎，成虫向花椒树及其他林木迁移，大批成虫群集在树木枝条上产卵越冬。

成虫喜在低矮的植物上活动与取食。成虫和若虫遇惊扰即斜行或横行逃避。逃避方向与惊扰所来的方向相反，如惊动过大，便跃足振翅而飞，飞翔力较弱。以中午或午后气候温和、日光强烈时，活动较盛，飞翔也多。成虫趋光性强，雌成虫交尾后一天便可产卵，一次产卵 10 粒左右。

若虫孵化出来后常群集花椒叶面或嫩茎上取食。3d 后大多由原来产卵的寄主迁移到矮小的寄主，如禾本科作物上为害。若虫爬行一般均由下往上，多沿树木枝干上行，极少下行。

天敌：喜欢取食昆虫的鸟类、蟾蜍、蜘蛛、瘿蚊和两种卵寄生蜂是斑衣蜡蝉的天敌，充分利用可有效控制其数量。

（三）防治方法

(1)在成虫期利用灯光诱杀，可大量消灭成虫。

(2)成虫早晨很少活动，可以在露水未干时进行网捕。

(3)在 10 月"霜降"以后，树干涂刷石灰白涂剂，对阻止成虫产越冬卵有一定作用。

(4)在 9 月底 10 月初，收获庄稼时或 10 月中旬左右，当雌成虫转移至椒树产卵以及 4 月中旬越冬卵孵化、幼龄若虫转移到矮小植物上时，虫口集中，可用 90%敌敌畏 1000 倍液，或 40%水胺硫磷 1000～1500 倍液，或 2.5%敌杀死 5000 倍液，或 20%叶蝉散乳油 800～1000 倍液喷杀。

五、花椒凤蝶

花椒凤蝶（*Papilio xuthus*），又名黄黑凤蝶、柑桔凤蝶、春凤蝶、黄波罗凤蝶、黄纹凤蝶，俗称花椒虎、黄凤蝶等，属于鳞翅目，凤蝶科。

（一）分布与危害

花椒凤蝶在国内各花椒、柑桔产区均有分布；国外分布于日本、朝鲜、韩国，东南亚及澳洲。该虫主要危害花椒、山楂、柑桔、黄菠萝等植物，以幼虫啃食花椒、柑桔叶片和嫩芽，将叶食成缺刻或孔洞，甚至将苗木和幼树叶片全部食光，对椒树生长和结果影响很大。

（二）形态特征

成虫黄绿色，春型体长 21～24mm，翅展 69～75mm，夏型体长 27～30mm，翅展 91～105mm，雄虫较小。前后翅均为黑色，前翅近外缘有 8 个黄色月牙斑，翅中央从前缘至后缘有 8 个由小渐大的黄斑，中室有新月形黑色粗横斑两个和 4 条纵行黄色条纹。后翅近外缘有 6 个新月形黄斑，基部有 8 个黄斑。臀角处有一橙黄色圆斑，斑中央有两个黑点，有尾突。触角端部膨大。卵球形，直径 1.0mm。初产时为淡白色，后变为深黄色，孵化前为黑色。幼虫，体长 40～48mm。3 龄前体色如同鸟类，体表生有肉刺状突起。3 龄后幼虫黄绿色，后胸背面的蛇眼状纹左右连接成马蹄形。前胸的臭角为橙黄色。腹部有两条黑色细斜线。蛹长约 30mm，淡绿色略呈暗褐色，体较瘦，头顶有两个凸起，胸部背面有一尖突。

（三）生活史与习性

该虫在西北地区每年发生 2～3 代，甘肃陇南 3 代，临夏 2 代，以蛹附着在枝干及其他比较隐蔽的场所越冬。此虫各世代重叠发生，各虫态出现时间先后不一致，4～10 月均可看到成虫、卵、幼虫和蛹。在陇南地区各代成虫出现期分别为 4～5 月、6～7 月、8～9 月。成虫白天活动，飞翔力强，吸食花蜜。成虫交尾后，产卵于枝梢嫩叶尖端，卵散产，一处一粒。幼虫孵出后先食去卵壳，再取食嫩叶；3 龄后嫩叶常被吃光，仅留主脉。幼虫受惊后从胸背面伸出臭角，分泌臭液，放出臭气驱敌；老熟后在叶背、枝干等隐蔽处吐丝固定尾部，再吐一条丝将身体携在树干上化蛹。天敌有多种寄生蜂，可寄生在幼虫、蛹体上，对控制该虫发生有一定作用。

（四）防治方法

1. 人工防治

秋末冬初及时清除越冬蛹。5～10 月人工捕捉幼虫和蛹。

2. 药剂防治

幼虫发生时，喷洒 80%敌敌畏乳油 1500 倍液，或 40%氧化乐果乳油 1000～1500 倍液，或 20%杀灭菊酯 3000 倍液，或 2.5%保得乳油 2000 倍液，或 4.5%高保乳油 2500 倍液，或 3%金世纪可湿性粉剂 2500 倍液，或 16%高效杀得死乳油 2000 倍液。

3. 生物防治

（1）以菌治虫：用 7805 杀虫菌或青虫菌（100 亿/g）400 倍液喷雾，防治幼虫。

（2）以虫治虫：将寄生蜂寄生的越冬蛹，从椒枝上剪下来，放置室内，如有寄生蜂羽化，放回椒园继续寄生，控制凤蝶发生危害。

六、花椒绿绵蚧

花椒绿绵蚧（*Chloropuluinaria aurantii(Cockerell)*），又称柑桔绿绵蚧、龟形绵蚧等，属同翅目，绵蚧科绿绵蚧属，是近年来危害花椒的一种重要害虫。国内普遍分布，2000 年至 2007 年，在临夏花椒产区危害非常严重。寄主有柑桔、花椒等芸香科和杜仲等科的多种植物，在甘肃临夏主要危害花椒，其次危害杏、桑。该虫以若虫、雌成虫常聚集于嫩梢、枝条、叶背中脉两侧刺吸危害，影响植株正常生长，造成树势衰退，叶片发黄。其分泌物招致煤污病的寄生，使植株枝干发黑，影响光合作用和花椒品质，严重时整株死亡。

（一）形态特征

雌成虫椭圆形，扁平，长 3mm，宽 2mm，呈青黄色、黄褐色或黄绿色。触角 8 节。背部龟甲状，纵脊明显，沿纵脊常有褐色或暗褐色纵带，体背密被不规则椭圆形皮斑，覆盖绒毛状蜡粉。体缘常有绿色或褐色环形斑。足 3 对。产卵后虫体皱缩，腹末附有白色棉絮状卵囊。雄成虫长约 1.2mm，淡黄褐色或浅棕红色。触角 10 节，串珠状。翅 1 对，无色透明。腹末交尾器刺状，较长，有白色蜡丝 1 对。卵椭圆形，初产时浅黄色或黄绿色，渐变为米黄色。长袋状，长 7～8mm，宽 2～3mm，长为宽的 3～4 倍。白色，棉絮状，较致密，有的腹部下端向后伸出，背部有 3 条明显的纵脊，即中间 1 条，两侧靠近底部各 1 条。若虫椭圆形，扁平，呈淡黄色或米黄色，后变为暗绿色或肉红色。眼黑色。体半透明，可见暗色内脏，背部两侧各有黄白色带 1 条。蛹长椭圆形，浅黄褐色。长椭圆形，长 2～3mm，蜡质，无色或淡黄白色，半透明。

（二）生活史与习性

经多年连续观察，花椒绿绵蚧每年发生 1～2 代，以 2 龄若虫在芽基及枝干上结茧越冬。4 月上旬若虫活动；5 月上旬化蛹盛期，6 月上旬雄成虫羽化盛期；6 月中旬雌成虫开始产卵，6 月下旬产卵盛期；7 月上旬若虫开始孵化，7 月中旬孵化盛期；8 月中旬若虫出囊，8 月下旬至 9 月中旬发育比较迅速，食量大增，危害最烈，并开始分泌絮状蜡质。9 月下旬至 10 月上旬 2 龄若虫陆续从叶片转移到枝条、芽基、枝杈处固定，10 月下旬逐渐寄生越冬。

雌雄成虫多在晴天下午 16:00 至 17:00 时交配。雄成虫有多次交配习性，飞行能力较强，可飞 2～3m 高。交配后 2～3d 产卵，雌虫产卵时虫体不断向前收缩，背面脊纹渐消失，在尾部边分泌白色棉絮物，使卵被棉絮包裹，形成 5～6mm 的椭圆形卵囊；雌虫产卵后在卵囊前端皱缩死亡，仅留卵囊。若虫出茧后的若虫群集活动，在嫩芽基部取食危害；初叶分生后，分散到嫩芽顶部以及叶背沿中脉附近危害。出囊后的若虫聚集在叶背中脉两侧、果柄、枝条上为害。2 龄后的若虫食量明显增大，逐渐分散到叶柄、复叶柄上危害，并分泌絮状蜡质物。雌虫将卵产于叶背、枝条及结果枝组上。产卵量 300～700 粒/头，有时达 1000 粒/头，孵化期10d 左右，孵化后的若虫暂留囊中，40d 后从卵囊末端爬出。花椒绿绵蚧的天敌种类较多，在甘肃临夏发现的捕食性天敌有异色瓢虫、红点唇瓢虫，寄生性天敌有跳小蜂，寄生菌有白僵菌等。

（三）防治方法

1. 加强植物检疫

对调入和调出的苗木和接穗，要严格进行现场检疫，坚决防止该虫的扩散蔓延。

2．人工防治

结合冬季修枝剪除病虫枝，集中烧毁，可消灭大部分越冬若虫，减少虫源基数。卵期人工摘除卵囊并集中烧毁，或直接砸碎卵囊，可杀死大量卵和若虫，降低虫口基数。

3．药剂防治

越冬若虫出茧期防治在 4 月上旬，越冬若虫出茧时，用 2%阿维菌素乳油 0.33%药液、或 10%吡虫啉可湿性粉剂 0.04%药液对叶面喷雾。雌虫产卵期可选用 10%吡虫啉乳油 0.033%药液或 5%啶虫咪 0.04%药液或 35%赛丹乳油 0.05%药液喷雾。喷药时加少量洗衣粉或洗洁精，能增强药液附着力，提高药效。当年若虫期防治于 7～9 月若虫分泌絮状蜡质前，用 1%苦参碱乳油 0.033%药液或 3%高渗苯氧威乳油 0.04%药液均匀喷雾。冬季落叶后到发芽前用 3～5 波美度石硫合剂喷洒枝干，可杀死越冬若虫，降低翌年虫口密度。

4．生物防治

应设法采取营林措施，保护和利用瓢虫、小蜂等天敌昆虫的自然控制能力，防治花椒绿绵蚧。

七、梨茎蜂

梨茎蜂（*Janus piri Okanota et Muramatsu*），又名梨梢茎蜂、梨茎锯蜂、折梢虫、截芽虫，主要是以成虫产卵危害花椒树新梢，受害严重的花椒园断梢累累，幼树被害后，严重影响树冠的扩大和整形，直接影响花椒树当年的生长；部分幼虫蛀入果胎，影响果实发育。在中国花椒产区均有此虫危害，严重地区新梢被害率 80%～90%，其主要危害花椒、梨、沙果、海棠等。近年，据调查发现，临夏州花椒产区，发现花椒树普遍受到梨茎蜂的危害。梨茎蜂成虫产卵于新梢嫩皮下刚形成的木质部，从产卵点上 3～10mm 处梨茎蜂成虫利用锯状产卵器截断花椒当年生嫩梢，幼虫于新梢髓部内向下取，致使受害部枯死，形成黑褐色的干撅。通过调查发现，梨茎蜂是危害临夏地区花椒树春梢的重要害虫，影响花椒树树形和树冠形成，并对花椒产量有明显影响。

（一）形态特征

梨茎蜂成虫体长 9～10mm，翅展 15～18mm。头部黑色，唇基、上颌、下颌均黄色。胸部除前胸后缘两侧、翅基部、中胸侧板黄色外，余为黑色。除后足腿节末端褐色外，其余各足均黄色。第 1 腹节背面黄色，其他各节黑色。雌虫腹部可见 9 节，第 79 节腹面中央有 1 纵沟，内有 1 锯齿状产卵器。卵长 0.8～1mm。长椭圆形，稍弯曲，乳白色，透明。幼虫体长 10～11mm，头部淡褐色，胸腹部黄白色。头、胸部向下垂，尾端上翘。胸足短小，腹足退化。各体节侧板突出形成扁平侧缘。蛹长约 10mm。初化蛹时为浅黄白色，渐变黑色。茧棕黑色，膜状。

（二）生活习性及发生规律

危害花椒树新梢的主要为梨茎蜂的雌成虫，雌成虫产卵前以产卵器将花椒树嫩茎锯断，而留一边的皮层，使断梢倒挂，然后再将产卵器插入断口下方 1.5～6mm 处的韧皮部和木部之间产卵 1粒。1 个嫩枝产 1 粒卵。不久产卵处的茎干表面即出现 1 黑色小条状的产卵痕。产卵后又将断口下部的叶片切断，隔 1～2d 上部断梢凋萎下垂，变黑，被风吹落,成为光秃断枝。也有将嫩枝切断而产卵的。

梨茎蜂成虫白天活跃，飞翔于花椒树枝梢间，早晚及夜间停息在花椒叶背面，阴天活动较差。通过对临夏县花椒园梨茎峰的活动情况观察，发现梨茎峰成虫具有假死性、群集性、趋黄性。

一年发生 1 代，以老熟幼虫在被害枝内结薄茧越冬。翌年 3 月底至 4 月初成虫羽化开始，从被害枝内飞出，4 月上中旬开始产卵，成虫产卵危害期很短，前后约 5d。幼虫孵化后向下蛀食，受害嫩枝逐渐变黑干枯。枝内充满虫类，吃完了当年生嫩梢还会继续向下蛀食至 2 年生枝。5 月下旬以后蛀入 2 年生小枝继续取食，幼虫老熟后调转身体，头部向上作膜状薄茧进入休眠，10 月份以后越冬，成虫出枝期与早春气温和花椒树抽梢期有密切关系。4 月上旬天气晴朗，中午前后是成虫出枝的高峰时段。成虫出枝后即飞向已抽梢的花椒树产卵危害。凡抽梢的花椒树，梢长在 15cm 以下的，成虫都能危害。据观察，近几年临夏花椒产区花椒抽梢期刚好是梨茎峰出枝高峰期，故受害严重。通过 2 年时间对 4 个花椒园的观察，梨茎峰发生期较为整齐，一个花椒园最长危害持续时间为 4～5d，最短为 1～2d。受危害的花椒树不仅嫩梢折断，且断梢下部的部分叶片也被折断，只留叶柄在枝上。采用农药、物理、生物防治相结合的综合防治措施。

（三）防治方法

1. 剪除虫枝

结合冬季修剪，剪除有虫枝条，并将剪除的枝条集中处理，不能剪除的 2~3 年生被害枝可用铁丝戳入被害的老枝内，以杀死幼虫或蛹，以减少越冬虫源。春季成虫产卵时或花椒树新梢长至 12cm 左右时，及时到园内观察，发现有成虫产卵危害新梢和叶柄的，将折断枝梢在断口下方 1cm 处及时剪除，集中烧毁，就能将所产的卵清除。此法对梨椒茎峰防治效果很好，基本上可以控制翌年发生。

2. 捕杀成虫

利用成虫的群集性、假死性和停息在树冠下部新梢叶背的习性，在早春花椒树新梢抽发时，于早晚或阴天在树下铺塑膜或棉布，将其抖落进行收集捕杀。

3. 树干涂药

可于树液流动期在树干光滑部位涂内吸性杀虫剂，涂干长度应在 80cm 以上，驱杀成虫，使之不产卵，但药剂不能涂到伤口上。

4. 挂黄板诱杀

利用梨茎蜂趋黄性，在花椒树发芽长出新梢后，可在树上挂粘胶黄板诱杀成虫，每 3～4 株挂 1 个黄板，诱杀效果很好。

5. 悬挂性诱剂诱杀

每一个花椒园每 8～10 株挂一个用性信息素做成的诱捕器，诱杀羽化出来的梨茎蜂雄成虫，使其减少与雌成虫的交配，从而减少雌虫产卵。

6. 药剂防治

掌握成虫发生高峰期，或在新梢长至 12cm 左右时进行喷药，药剂选择：用 2.5%的溴氟菊酯乳油 2000 倍液，或 4.5%的高效氯氰菊酯乳油 1500 倍液，或 20%灭氰乳油 1800 倍液喷洒，以中午前后喷洒最好，要求均匀周到，不能漏喷。

八、花椒全爪螨

花椒全爪螨（Panonychus citri），花椒全爪螨，又称柑桔全爪螨，俗称花椒红蜘蛛、柑桔红蜘蛛、瘤皮红蜘蛛等，属于蜱螨目，叶螨科。

（一）分布与危害

该螨分布于全国各产椒、柑桔地区，甘肃陇南、天水、临夏发生普遍，危害严重。它除危害花椒、柑桔外，还危害梨、苹果、油桃等。以成螨、若螨和幼螨刺吸叶、嫩枝、果实的汁液，以叶片为主，被害叶面出现灰白色失绿斑点，严重时全叶苍白，提早脱落，削弱树势。

（二）形态特征

成螨雌体长 0.4mm，椭圆形，背部隆起，深红色，背毛白色，着生在毛瘤上。雄体略小，鲜红色，后端较狭，呈楔形。卵球形略扁，直径 0.13mm，红色有光泽，上有一垂直柄，柄端有 10～12 条细丝向四周散射，附着在叶上。若虫体长 0.2mm，色淡，足三对。若螨与成螨相似，足四对，体较小。

（三）生活史与习性

该螨在南方柑桔上每年发生 15～18 代，在甘肃陇南、天水、临夏花椒上约发生 10 代左右。以卵、若螨及成螨在枝条和叶片背面越冬。早春发芽时开始活动危害，5～6 月达高峰，7～8 月高温时数量减少，9 月以后螨虫又复上升，危害严重。该螨发育和繁殖的适宜温度为 20℃～30℃，最适温度 25℃。在气温 25℃，相对湿度 85%时，完成 1 代约需 16d；在气温 30℃，相对湿度 85%时，则需 13～14d。一般进行两性生殖，也可孤雌生殖，每头雌螨可产卵 30～60 粒。卵主要产于叶背主脉两侧，也可产于叶面果实与嫩枝上。天敌有捕食螨、蓟马、草蛉、蜘蛛等。

（四）防治方法

1. 加强椒园管理

合理施肥、灌水，增强树势。晚秋落叶后，种植覆盖植物，如藿香蓟等，改变小气候和生物组成，使其不利于害螨而有利于益螨的发生，及时清扫枯枝落叶，予以烧毁。

2. 药剂防治

（1）冬、春季椒树发芽前，结合防治其他害虫，可喷洒5波美度石硫合剂，或97%机油乳剂120～140倍液。

（2）开花前是进行药剂防治叶螨的最佳施药时期。可选用0.5波美度石硫合剂，或45%晶体石硫合剂150倍液，或40%氧化乐果乳油2000倍液，或40%水胺硫磷乳油1500～2000倍液，或25%尼索螨醇乳油1500倍液，或15%扫螨净乳油3000倍液，或34%蛛螨星乳油3500倍液，或4.1%霸螨特乳油4000倍液，或20%螨死净悬浮剂2500倍液，或1.8%爱福丁乳油5000倍液，或15%螨绝代乳油2000倍液，或40%氰久乳油1000倍液均匀喷雾。注意药剂的轮换使用，可延缓叶螨产生抗药性。

（3）提倡用机油乳剂与福美砷混用，配方为机油乳剂:福美砷:水=2:1:100，能有效防治叶螨、蚜虫、蚧壳虫等。

（4）使用长效内吸性注干剂。用YBZ-Ⅱ型树干注射机，注入长效内吸注干剂；也可用4～5mm钢钉或水泥钉，距地面50～80cm处斜向45°打孔，孔深3～4cm，再用橡胶皮头滴管或兽用注射器注入注干剂。用药量先量树干胸径，然后换算或查出直径，每厘米直径注入药量0.5ml。胸径10cm以上的花椒树，应通过药物试验防治，适当加大用药量。此法可兼治多种蚧壳虫、蛀干害虫等。

3. 生物防治

注意保护和利用田间天敌，并引进释放天敌，以控制叶螨的发生。在天敌大发生时，可以不喷药或少喷药。

九、大栗鳃金龟

大栗鳃金龟（*Melolontha hippocastani*），又称栗色鳃金龟、大栗金龟子等，幼虫俗称蛴螬，属于鞘翅目，鳃金龟科。

（一）分布与危害

该虫分布于甘肃、陕西、宁夏、内蒙古、河北、山西、四川等地，国外分布于蒙古国、俄罗斯等国家。寄主有花椒、苹果、花椒、柑桔、落叶松、油松、云杉、冷杉、杨、柳、桦等果树、林木及各种农作物。以幼虫危害苗木根系，虫口数量大的年份，常常造成苗圃缺苗断垄；成虫危害苗木嫩叶、幼芽。由于取食量大，影响林木生长。

（二）形态特征

成虫长椭圆形，长 30mm，宽 13mm，雄虫较雌虫瘦小，体棕色。头部密生小刻点，刻点上有绒毛。触角 10 节，雌虫鳃叶部 6 节，小而直，雄虫鳃叶部 7 节，大而弯曲。前胸背板中央有宽浅纵沟，沟内密生黄褐色或灰黄色细长毛，背板上有小刻点，中间稀，两侧密，齐后缘有一对长绒毛组成的三角形毛区，后侧角近直角。鞘翅上有 5 条隆起，隆起之间密布白色绒毛和刻点。前足胫节外缘雄虫有 2 齿，雌虫有 3 齿，基齿略微突出。腹部 1～5 节的腹板两侧，各有一个由密而短的白色细毛组成的三角形斑。臀板端部延伸成窄突，雄虫较长，雌虫较短。卵乳白色，椭圆形，长 3.5mm，宽 2.5mm。三龄幼虫体长 50～58mm，头部前顶刚毛每侧 2～4 根，后顶刚毛每侧多数一根，额侧毛每侧 6 根，呈 2、3、1 排列。臀节腹面刺毛每列 30 根左右。蛹体长 32～34mm，宽 14～17mm，初为金黄色，后变为黑褐色。头部弯曲藏于前胸下方，背面观仅见后头。前胸呈梯形，后胸略突出，中胸腹板中央有一袋状凹痕。翅紧贴于体，前翅具纵脊 4 条。腹部背面观可见 9 节，腹面观可见 8 节，第 4～5 节后缘各有眼状突起一对，呈双眼形。

（三）生活史与习性

该虫 5 年或 6 年发生 1 代，以幼虫或成虫在土内越冬，5 年 1 代地区，幼虫越冬 4 次，成虫越冬 1 次，6 年 1 代地区，幼虫越冬 5 次，成虫越冬 1 次。当成虫越冬基数占绝对优势时，翌年林木就会遭受成虫猖獗危害。越冬成虫一般于 5 月上旬开始出蛰，5 月下旬达到高峰期。成虫出土后，随即飞向空中，转往附近林地，白天潜伏于枝叶丛内取食危害。成虫有假死习性，受到惊扰即落地。雄虫全天飞翔寻偶，交配多在树冠枝叶丛中，以 16～22 时最盛。成虫可多次取食，多次交配产卵。雌虫交配后有飞回原出土地产卵的习性。每头雌虫平均产卵 30 余粒，多呈团状产于深 20cm 土层中。卵期 35～50d，初孵幼虫 7～8 月出现，为害苗木嫩根及腐殖质。10 月中下旬钻入 40cm 以下深土层越冬。越冬幼虫于 4 月开始上升到表土层取食危害，5 年 1 代者如此经过 4 年，6 年 1 代者如此经过 5 年之后，于 6～7 月间老熟幼虫在 15～20cm 土层中化蛹，蛹期约 2 个月，于 8～9 月羽化为成虫，并在土内越冬。

（四）防治方法

1. 加强苗圃管理

适时施肥、浇水、中耕除草，破坏幼虫生活环境和借助机械将幼虫杀死，促使苗木旺盛生长。

2. 成虫有假死性

可利用此种习性，组织人力震落成虫，进行捕杀。

3. 在成虫发生盛期

用 40%甲基辛硫磷乳油 1500 倍液，或 80%敌敌畏乳油 1000 倍液均匀喷雾，对成虫均有良好的防治效果。也可在日落后或日出前，施放杀虫烟剂进行熏杀。

4．在幼虫发生期

可用 50%辛硫磷乳油 1200 倍液，或 90%晶体敌百虫 800 倍液灌根。

5．利用鸟类和家禽

利用喜鹊、麻雀等鸟类和家禽捕食幼虫。

十、黑绒鳃金龟

黑绒鳃金龟（*Serica orientalis Motschulsky*），属鞘翅目，金龟甲科。又名天鹅绒金龟子、东方金龟子、东方黑绒鳃金龟，甘肃各椒区均有分布。国内分布于黑龙江、吉林、辽宁、内蒙古、北京、河北、山西、山东、河南、陕西、宁夏、青海、江苏、浙江、江西、台湾等地，国外分布于朝鲜、日本、俄罗斯、蒙古国等。对花椒树的危害主要以幼虫取食花椒嫩根，导致花椒种苗和幼树死亡，成虫取食嫩芽、幼叶及柱头，常群集暴食。该虫是杂食性害虫，可食 149 种植物，最喜食杨、柳、榆、苹果、梨、桑、杏、枣、梅等的叶片。

（一）形态特征

成虫：体长 7～9mm，宽 4.5～6mm，卵圆形，前狭后宽，雄虫略小于雌虫。初羽化为褐色，后渐转黑褐至黑紫色，体表具灰黑色绒毛，有丝绒般光泽。唇基黑色，有强光泽，前缘与侧缘均微翘起，前缘中部略有浅凹，中央处有一微凸起的小丘。触角 10节，赤褐色，鳃叶部 3 节。前胸背板宽为长的 2 倍，前缘角呈锐角状向前突出。侧缘生有刺毛，前胸背板上密布细小刻点。鞘翅上各有 9 条浅纵沟纹，刻点细小而密，侧缘列生刺毛。前足胫节外侧生有 2 齿，内侧有一刺。后足胫节有 2 枚端距。

卵：椭圆形，长 1.2mm，乳白色，光滑。

幼虫：乳白色，3 龄幼虫体长 14～16mm，头宽 2.7mm 左右。头部前顶毛每侧 1 根，额中毛每侧 1 根。触角基膜上方每侧有 1 个棕褐色单眼，系色斑构成，无晶体。臀节腹面钩状毛区的前缘呈双峰状。刺毛列由 20～23 根锥状刺组成弧形横带，位于腹毛区近后缘处，横带和中央处有间隔中断。

蛹：长 8mm，黄褐色，复眼朱红色。

（二）生活史及习性

甘肃各地均为 1 年 1 代，一般以成虫在土中越冬，翌年 4 月中旬出土活动，4 月至 6 月上旬为成虫盛发期，在此期间可连续出现几个高峰。高峰出现前多有降雨，故有雨后集中出土的习性。6 月末虫量减少，7 月份很少见到成虫。成虫活动适温为 20℃～25℃。日均温 10℃以上，降雨量大、湿度高有利于成虫出土。成虫有夜间出土习性，飞翔力强，傍晚多围绕树冠飞翔，栖息取食。雌雄交尾呈直角形，交尾时雌虫继续取食，交尾盛期在 5 月中旬。雌虫产卵于 10～20cm 深的土中，卵散产或 10 余粒集产。一般一雌产卵数十粒。卵期 5～10d，共 3 龄，以花椒嫩根为食，1 龄历期 41d，2 龄约 21d，3 龄约 18d，共需 80d 左右。老熟幼虫在 20～30cm 较深土层化蛹，预蛹期 7d 左右，蛹期 11d。羽化盛期在 8 月中下旬。当年羽化成虫个别有出土取食的习惯，大部分不出土即蛰伏越冬。

（三）防治方法

1. 土壤含水量过大或被淹，蛴螬数量会下降

可于 11 月前后冬灌，或 5 月上中旬生长期间适时灌大水，可明显减轻危害。

2．傍晚利用成虫在花椒树冠周围栖息取食的习性

喷洒 40%氧化乐果 1000～1500 倍液防治成虫。

3．苗木生长期间发现其幼虫（蛴螬）为害

可用敌百虫、75%辛硫磷颗粒缓蚀剂等，开沟施药，防治效果较好。

第三节　害　鼠

危害花椒的害鼠有中华鼢鼠、黄鼠、沙土鼠、达乌里鼠兔、金花鼠和子午沙鼠、花胸鼠、黑绒姬鼠等 10 多种，危害严重者为前 5 种。临夏地区危害花椒的害鼠有中华鼢鼠。中华鼢鼠一生都在土内生活，危害植物的地下根和地下茎，尤其喜食植物鲜嫩多汁的地下部分及嫩芽、新苗，往往致使幼苗成片枯死。其他害鼠的一生大约有一半时间生活在土内地洞里，平时或在露地生活，植物从播种到收获，均遭其危害，播种后刨食种子，生长期间啃食幼苗、苗木，危害果实，对花椒、林木、农作物生产威胁很大。因此，消灭害鼠是花椒、林木、农作物增产保收的一项重要措施。

一、中华鼢鼠

中华鼢鼠（*Myospalax fontanieri*），又名原鼢鼠，俗称瞎老鼠、瞎老、瞎瞎、瞎绘、仔隆（藏语）等，属于啮齿目，仓鼠科，鼢鼠亚科。

（一）分布与危害

该鼠分布于甘肃、青海、宁夏、新疆、陕西、内蒙古、山西、

河北、四川等地，甘肃以甘南、临夏、天水、陇东等地发生普遍，危害严重。它除危害花椒、云杉、松、山杏等林木外，也危害蔬菜、粮食作物和牧草。该鼠开穴挖洞，啃食根系，使幼树枯萎以致死亡，对幼树危害极大，危害死亡的幼树在 10%～15%，严重者 30%以上。

（二）形态特征

中华鼢鼠体圆筒形，肥胖，成鼠体长 20cm 左右，一般雄鼠大于雌鼠。体色有棕黄色、红黄色或蓝灰色。头较大，扁而宽，鼻端钝圆，光而无毛，粉红色。上颌门齿形短而强，第一白齿较大，下颌门齿的齿根极长，吻上方与两眼间有一较小的淡色区，有些个体额部中央有一白色或黄白色斑纹，耳小，眼睛退化，极小。四肢较短，前肢粗而有力，前足生有镰刀状的长爪，适于刨土。尾细短，长 5～6cm，被有稀疏的毛。足、背及尾毛均为污白色。

（三）生活史与习性

中华鼢鼠每年繁殖 1 胎，5～6 月产仔，每胎 2～6 只，以 3～4 只者居多。该鼠喜欢栖息于土层厚、土质松软的土内，阴坡多于阳坡。由于其营巢、掘土觅食，常将泥土推出地面，堆成大小不等的小丘，直径约 50cm。土丘分布一般在穴的侧面，少数在洞的上方。雄鼠堆的小丘呈直线排列，雌鼠堆的小丘呈椭圆形排列，由此可辨别雌雄鼠。

鼢鼠的洞系较复杂，每个洞系占地面积约 0.06hm^2。以作用和层次分，主要有串洞、主洞、朝天洞和老窝。串洞是取食时所挖掘的洞道，距地面 5～10cm，主洞比较固定，洞径较大，踊道距地面约 20cm，是鼢鼠经常活动的通道，并与朝天洞与老窝相通；朝天洞洞口较窄，上通主洞，下接老窝；老窝分布较深，距地面 50～180cm，并有巢室、仓库、便所之分，供栖息和贮藏食物等用。一般雄鼠的老窝较雌鼠老窝浅。此外，还有一些分支多且不通的废串洞。

鼢鼠终生营隐蔽生活，昼夜活动，通常在地下挖掘觅食，特别是繁殖期和越冬前贮藏食物时最活跃。有怕光、避风习性，当它发现洞道有破漏时，即迅速挖土堵塞。冬季栖息老窝中，除非取食以外，基本不活动，春季地表解冻后开始活动。

（四）防治方法

春、秋为防治鼢鼠的适宜时期，其防治方法有以下几种：

1. 人工防治

（1）铲击法。鼢鼠怕光、拍风，且有堵洞习性，利用此种习性，先切开洞口，铲薄洞道上的表土，准备好铁锹在洞口后边守候，待鼢鼠来洞口试探堵洞时，立刻用力切下去，也可用脚猛踩洞道，切断回路，将其捕杀。

（2）灌水灭鼠。有条件的地区在灌水前切开洞口，将水引入洞内，可淹死大量的鼢鼠。

2. 物理机械防治

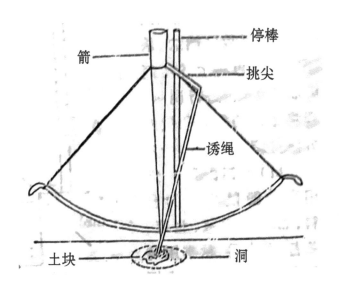

图9-1 弓箭安置方法示意图

（1）弓箭射杀法。先将洞口切开，用小耙刮出洞内虚土，把箭放在洞的顶部中心处，距洞口 7～8cm 的位置，把弓按在箭后，靠近箭，用土块把弓背固定在地面上，接着把顶棒立在弓背上，将顶棒上的连接绳上下试拴适当后，把弓弦挂在挑尖的一端，使弓张开，再把挑尖的另一条引发绳压好，然后把洞口堵严，把箭提起，使箭头插在洞口上边，箭上边的双叉插在弓弦上，鼢鼠来撞，弓箭即发，射死鼢鼠。如图 9-1。

（2）弓形夹捕杀法。常用 1 号、2 号鼠夹。方法是：先找到洞道，切开洞口，用小铁锹挖略低于洞道、大小与弓形夹相似的小坑，放置弓形夹，并在夹上轻轻放些松土，将夹子用铁丝固定在洞外木桩上，最后用草皮盖严洞口。

（3）双架塌压法。用 33.3cm 长的带叉树杆两根，插在切开

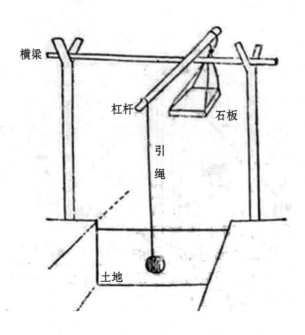

图 9-2　双架塌压法设计示意图

的洞道两侧作为支架，架上放一根长约60cm的横梁，中间开一个小槽，放一杠杆，洞顶上的一端（约占杆长的四分之一）用细绳打一活结套拴一块石板，重5～6kg，石板下插箭4枝，另一端拴一根66.7cm的细麻绳，下系一小树枝，用土压在洞口，鼢鼠堆土时，把土团推开，细麻绳滑脱，石板落下就会把箭压入洞内，刺死鼢鼠。图9-2。

3．化学药剂防治

灭鼠药剂主要有磷化锌、敌鼠钠盐、鼠甘伏、氯敌鼠钠盐、杀鼠酮等。可将上述药剂配制成毒饵，进行诱杀。现将毒饵的配制和投放方法介绍如下：

（1）毒饵配制。选用当地鼢鼠爱吃的食料，如春季用葱、韭菜、蒜苔、萝卜等；秋季用马铃薯、豆类、莜麦等切碎，加入5%磷化锌、或0.1%敌鼠钠盐、或0.5%鼠甘伏、或0.02%氯敌鼠钠盐，拌匀；也可用葱叶，叶筒内装入磷化锌等鼠药制成毒饵。

（2）毒饵投放方法。毒饵毒杀鼢鼠的关键是投饵方法，常用方法有以下两种：

①开洞投饵法。在鼠洞上方用铁锹开一洞口，把洞内浮土取净，用长把铁夹或勺子将毒饵投放到洞道30cm深处，每处3～4块，用土块略封洞口，当鼢鼠觉察有风、光，去堵洞时，会将毒饵拖进洞内，食后中毒死亡。

②插洞投饵法。用长80cm，粗3cm的木棒，将一端削成圆锥形，在洞道上方选择合适位置，插一洞口，插时用力不宜过猛，当插到洞道时轻轻转动木棒，将插口周围的土挤紧，取出木棒后随即投放毒饵，并封闭洞口。无论采用哪种投饵方法，一般一个洞系只投放一处。

4．生物防治

在春初或秋末，每公顷使用依萨琴柯氏菌或达尼契氏菌等颗粒菌剂1000~3000g，放入洞道内，使鼢鼠感染细菌死亡。此法鼠类不会产生抗性或拒食现象，且对人、畜安全，也不污染环境。于春初或秋末，应用 100 万毒价/ml 的 C 型肉毒素水剂配成毒饵进行诱杀。

二、达乌里鼠兔

达乌里鼠兔（*Ochotona daurico*），达乌里鼠兔又名鸣声鼠、蒙古鼠兔、达乌里啼鼠，俗称青胎子、无尾鼠、蒿兔子等，属于兔形目，鼠兔科。

（一）分布与危害

达乌里鼠兔分布于甘肃、宁夏、青海、陕西、内蒙古、西藏以及东北各地。该鼠兔寄主有花椒、山杏、沙枣、青杨、松、柏等林木，以及蔬菜、粮食作物和杂草与牧草。它们主要危害植物幼苗嫩茎幼芽和根。在早春枯草期啃食树皮，常将根茎上部 20cm 处环状剥皮，使水分养料输送受阻，树木死亡。秋季将幼苗从地面处咬断，拉到洞内贮藏越冬。此鼠还挖掘洞穴，切断树根，或使根裸露洞内，影响树木生长。

（二）形态特征

鼠兔体中型，长 14～18cm，脑颅全长不超过 45mm，额骨隆起。上门齿两对，前门齿比后门齿大一倍多，吻部上下唇白色。大耳朵，椭圆形，耳壳呈扇形，耳毛长 2cm，边缘白色。体背毛长约 2cm，黄褐色，端部呈黑褐色，靠近基部为黑灰色。乳头周围毛短，呈白色。后肢略长于前肢，无尾。雌、雄外表区别不大，和野兔相似，故称"鼠兔"，又由于无尾巴，而称其"无尾兔"。

（三）生活史与习性

达乌里鼠兔每年繁殖 2～3 胎，生殖期持续时间长，迟早不一，每胎产仔 3～5 只，多达 8 只，从 4 月中旬至 9 月上旬，常发现成鼠带幼鼠外出活动。该鼠兔在西北多栖息于荒坡、荒沟、林地、草滩和灌丛中，善于挖洞，往往形成密集的洞群。洞系可分为简单洞和复杂洞。简单洞多数只有一个洞口，无仓库。复杂洞洞道结构复杂，弯曲多支，洞口一般 3～6 个，多则 8～9 个，洞口直径 6～10cm，洞口间具有宽约 5cm 的网状跳道。洞口通道与地面呈 30°～40°度的角，延伸约 50cm 后与地面平行。洞长一般 3～5m，长达 10m 以上。中央有一窝巢，窝形扁平，内铺碎草。距洞口不远处有仓库 1～3 个。此外，还有育仔洞和粪便洞等。

达乌里鼠兔喜群居，终年活动，不冬眠。一般春末夏初及夏末秋初活动频繁，冬季下雪后，在雪底下挖洞继续活动。该鼠兔白天活动，夏季中午炎热，地表温度高，洞外活动少，风雨天不活动。活动时，常 2～3 只在洞外追逐，并发出唧唧叫声，故又称"鸣声鼠"。此外，晴天无风时，鼠兔喜在洞口晒太阳，但怕风，如从一洞口吹风，鼠兔即从另一洞口跳出。此外，鼠粪大部分排在洞外，新粪绿色，旧粪苍白色，据此可以判断洞的新旧和有无鼠兔居住。

（四）防治方法

参见中华鼢鼠防治方法。

第四节　花椒主要病害防治技术

花椒病害主要分果实病害、叶部病害、枝干病害和根部病害。

其中果实病害较少，但一旦发生，可造成花椒产量降低，品质变劣，影响花椒销售，主要果实病害为花椒炭疽病。危害花椒叶片、幼芽、嫩梢的病害有 10 多种，其中以花椒叶锈病、花椒褐斑病、花椒疮痂病和煤污病分布广、危害重，常引起叶片干缩和早期脱落。危害花椒枝干的病害主要有 10 多种，其中以花椒干腐病、花椒木腐病和花椒膏药病分布广且危害重，是影响花椒树经济寿命的主要病害。除膏药病以外的枝干病害都有一个共同的特点，即感病部位表现流胶症状，引起树势减弱，严重时流胶枝干或整株死亡。花椒根部病害从幼苗期到成株期均有不同病害发生，目前已知有 6 种以上，其中花椒幼苗立枯病、黑胫病发生普遍，危害重。立枯病主要发生在幼苗茎基部、常造成苗圃成片幼苗死亡，或缺苗断垄。花椒黑胫病主要发生在花椒根、茎部交界处，病斑处常常流出黄褐色的胶质，根茎部病斑环切后，植株逐渐枯死，这也是影响花椒树经济寿命的主要病害。

一、花椒炭疽病

病原菌（*Colletotrichum gloeosporioides*），属于半知菌亚门，黑盘孢目。花椒炭疽病俗称黑果病。

（一）分布与危害

该病分布于甘肃、陕西、山西、河南、四川等地区，主要危害花椒果实，也危害叶片和嫩梢，造成果实、叶片脱落，嫩梢枯死，致使产量降低，品质变劣。

（二）症状

发病初期，果实表面出现不规则的褐色小斑点，随着病情的发展，病斑变成圆形或近圆形，中央下陷，呈深褐色或黑色。天气干燥时，病斑中央灰色，且有许多排列成轮纹状的黑色或褐色小点。如遇到高温阴雨天气，病斑上的小黑点呈粉红色小突起，即病菌的分生孢子堆，并由果实向新梢、嫩叶上扩展。

（三）病原菌

该病是由胶孢炭疽菌侵染所引起的病害。分生孢子盘埋生于寄主表皮下，以后外露，湿度大时溢出红色分生孢子团。分生孢子梗不分隔，呈栅状排列，无色，圆柱形，大小为（10～20）μm×（1.5～2.5）μm。分生孢子圆筒形，无色，单孢稍弯，大小为（12～20）μm×（4～7）μm，有油球1～2个。

（四）发病规律

病菌以菌丝体或分生孢子在病果、病叶及枝梢上越冬。翌年6月上中旬，温、湿度适宜时产生分生孢子，借风、雨和昆虫传播，引起发病。二年内花椒炭疽病病原菌能多次侵染危害。每年6月下旬至7月上旬开始发病，8月份达发病盛期。一般椒园树势衰弱、通风透光不良、天气高温、高湿等条件，易引起病害发生流行。

（五）防治方法

1．林业技术防治

（1）加强椒园管理，进行深翻改土，防止偏施氮肥，采用配方施肥技术，降雨后及时排水，促进椒树生长发育，增强抗病能力。

（2）及时清除病残体，集中烧毁或深埋，以减少病菌来源；加强椒树修剪，改善椒园通风透光条件，抑制病害发生。

2．药剂防治

（1）在冬季结合清洁椒园，喷布一次3～5波美度石硫合剂，或45%晶体石硫合剂120倍液，同时兼治其他病虫害。

（2）在春季嫩叶期，幼果期及秋梢期，各喷一次1:100倍波尔多液，或0.3～0.5波美度石硫合剂，或45%晶体石硫合剂200

倍液，或 80%绿宝森可湿性粉剂 600 倍液，或 80%炭疽福美可湿性粉剂 800 倍液，或 65%代森锌超微可湿性粉剂 800 倍液，或 50%除霉百利可湿性粉剂 800 倍液，或 50%倍得利可湿性粉剂 800 倍液，或 70%奥霉安可湿性粉剂 800 倍液。

二、花椒煤污病

病原菌（*Meliodla* *sp.M.* *macropoda*、*M.* butleri），属于子囊菌亚门，小煤炱目，小煤炱科，小煤炱属。花椒煤污病又称黑霉病、煤烟病、煤病等。

（一）分布与危害

花椒煤污病分布于甘肃武都、文县、天水、礼县、西和、舟曲、临夏、兰州及陕西的凤县、富平、韩城等地花椒产区。本病除危害花椒叶片外，还危害嫩梢及果实。该病严重发生时影响光合作用，造成减产。

（二）症状

煤污病最初在叶片表面生薄薄一层暗色霉斑，有的稍带灰色，或稍带暗色，以后随着霉斑的扩大、增多，使整个叶面呈现黑色霉层（菌丝和各种孢子），似烟熏状，故病害由此而得名。末期在霉层上散生黑色小粒点（子囊壳），此霉层在吐片上极易剥离，但也有难以剥离者。由于叶片被黑色霉层所覆盖，妨碍光合作用而影响花椒生长发育。

（三）病原菌

花椒煤污病是以小煤炱属为主的真菌而引起。其病原菌有数种，其形态各有不同。但各种菌丝均为暗黑色，只在花椒茎、叶表面着生，菌丝体上生有附着枝，有时还生出刚毛。子囊壳生于菌丝体之上，球形或近球形，光滑，子囊榛形至圆柱形，子囊孢子椭圆形至梭形，无色或暗色，有一个至数个隔膜，有具横隔膜的，又有纵横两隔膜的。因种类不同，故形态各异。

（四）发病规律

本病多与蚜虫、蚧壳虫和斑衣蜡蝉的活动而伴随发生。病菌以菌丝及子囊壳在病斑上越冬，翌年由此飞散出孢子，由蚜虫、蚧壳虫、斑衣蜡蝉之分泌物而繁殖引起发病。病菌在寄主上并不直接危害，但妨害光合作用而影响生育。一般在蚜虫、蚧壳虫和斑衣蜡蝉发生严重时，该病发生危害也相应严重。在多风、空气潮湿、树冠枝叶茂密、通风不良的情况下，也有利于病害发生。

（五）防治方法

1. 人工防治

（1）注意椒树整形修剪，使椒树树冠通风透光，降低湿度，以减轻煤污病的发生。

（2）蚜虫、蚧壳虫发生严重时，及时剪除被害枝条，集中烧毁。

2. 药剂防治

（1）蚜虫、斑衣蜡蝉发生时，喷40%乐果乳油800～1000倍液，或2.5%敌杀死乳油3000～4000倍液，或20%灭扫利乳油2000～3000倍液。

（2）蚧壳虫发生时，早春椒树发芽前，喷布5波美度石硫合剂，或45%晶体石硫合剂100倍液，或97%机油乳剂30～50倍液，要求喷布均匀周到。

（3）生长期蚜虫、蚧壳虫同时发生时，于蚧壳虫雌虫膨大前，喷布40%敌敌畏乳油800倍混合800倍煤油，或1%洗衣粉混合

1%煤油，或 40%氧化乐果乳油 1000 倍液，或 24.5%爱福丁乳油 3000～4000 倍液，或 70%艾美乐水分散粒剂 6000～8000 倍液，或 4.5%高宝乳油 900 倍液，或 3%金世纪可湿性粉剂 1500～2000 倍液。

三、花椒锈病

本病是花椒叶部重要病害之一，广泛分布于甘肃花椒栽培区。在发病年份发病率 50%～100%，发病指数 30～57，常可使椒叶在采椒后不久大量脱落，从而再次萌发新叶。这样不仅影响了当年椒树的营养积累，同时也因再次长叶使养分过度消耗，直接影响了翌年椒树的结果量。锈病对苗圃中的花椒幼苗的危害也十分严重。

（一）症状

发病初期，在叶子下面出现 2～3mm 水渍状褪绿斑,并在与病斑相对应的叶背面出现黄褐色的疱状物即夏孢子堆。在病斑中心较大的夏孢子堆周围，出现由许多小型夏孢子堆排列而成的环状结构。这些疱状物破裂后放出橘黄色夏孢子。发病后期夏孢子堆基部产生褐色蜡质的冬孢子堆。在叶正面，褪绿斑转变为 3～6mm 的深褐色坏死斑。发病严重时叶柄上也出现夏孢子堆及冬孢子堆。

（二）病原

本病由花椒鞘锈菌（Coleosporium zanthoxyli Diet.&Syd.或 C.piperitum Miyabe)引起，隶属于锈菌目，鞘锈菌属。夏孢子和冬孢子阶段生于花椒上。夏孢子堆表皮下生，夏孢子为 I 型（即具有锈孢子形态，但起夏孢子的功能）。夏孢子串生，黄褐色，多呈椭圆形,大小为（28～36）μm×（22～27）μm，少数为棒状，（39～44）μm×（18～23）μm。冬孢子呈多层排列，红褐色，棒状或柱状，孢子顶部带有无色透明的胶质物，孢子大小为（53.5～85）μm×（21～32）μm。冬孢子不经休眠而萌发成内生担子，担子多为三横隔，也有斜隔担子，自担子上生出较长的担子小梗，顶部着生黄褐色、圆形至长椭圆形的担孢子，大小为（18～35）μm×（10～15）μm。

（三）发病规律

花椒锈病的发生主要与气候条件有关。凡是降雨量多，降雨天数多的条件下，病害容易发生。一般在 6 月下旬至 7 月上旬开始发病，并且是树冠下部叶子首先发病，8 月下旬至 9 月上中旬为盛发期，并随之出现病叶脱落，至 10 月上中旬病叶已全部落光，二次新叶开始出现。锈病发病迟早与该年 6 月、7 月温湿度高低密切相关。病菌通过气流传播。只要气候适宜，病菌繁殖较快，再侵染频繁。因此，该病害具有爆发性发生的特点。

病害的发生与椒园所处海拔高度无关，但阴坡较阳坡发病轻，零散椒树较成片椒园发病轻。病害的发生与花椒品种有关，大红袍发病最重，其次为豆椒，苟椒较抗病。病害的发生与树龄无关，各龄椒树均可发病。未发现该病菌的中间寄主。

（四）防治方法

1. 秋季清扫落叶，集中烧毁，减少越冬菌量
适当修剪，改善通风透光条件，减轻危害。
2. 药剂防治
在 6 月初至 7 月下旬对椒树用 0.5%敌锈钠、或 500 倍的粉锈

宁、或 200～400 倍的萎锈灵进行喷雾保护。每隔 2～3 周喷雾一次。在锈病发生期喷粉锈宁进行防治。

3．栽培抗病品种

荀椒等品种抗病性强，可与大红袍混合栽植，以降低锈病的流行速度。

四、花椒落叶病

花椒落叶病又叫叶斑病、黑斑病。广泛分布于甘肃各花椒栽培区，是严重影响花椒产量的叶部病害之一。落叶病主要为害叶片、叶脉和叶柄，其次是嫩梢，致使椒叶提前衰老、枯死而大量脱落，严重影响椒树生长，连年发病则加速椒树老化和枯死。

症状：病害发生在叶片上，由树冠下部向上发展，但嫩梢、叶柄均能感病。在叶片上产生 1mm 大小的黑色小病斑，常在叶背病斑上出现明显的疹状小突起或破裂，即病菌的分生孢子盘。有时出现乳白色针头状的分生孢子角。后期叶面病斑上也生疹状小点。但当分生孢子盘集生在一起时，叶背则出现大型不规则褐色病斑。在老叶上的病斑周围有时可见紫色晕圈。嫩梢上感病后常集生带有分生孢子盘的梭形紫褐色小突起。

病原：花椒落叶病由半知菌亚门黑盘孢目盘单隔孢属的一种真菌（*Marssonina* sp.）引起。分生孢子盘多生于叶背表皮下，也有叶面生，宽 160～650μm，厚 75～160μm。分生孢子梗单生，产孢细胞倒棒状，大小为（8～10）μm×（4～5）μm。分生孢子棒状弯曲，双细胞不等大，极少三细胞，无色，大小为（15～26）μm×（5～8）μm。

（一）发病规律

病菌以菌丝体、分生孢子盘在落叶或枝梢的病组织内越冬，第二年雨季到来时便产生分生孢子而成为初侵染源。在甘肃陇南，7月下旬至8月初，病害开始发生，一般是位于树冠基部的椒叶先出现病斑，然后再逐步向上发展。分生孢子主要借雨水飞溅传播。8月下旬至9月初达到发病高峰，病叶陆续脱落。发病重的树冠中下部的叶子会全部落光，10月份病害减轻。

病害的发生与降雨、栽培管理、树龄等有关。雨季早、降雨多的年份，发病早而重；凡土壤薄、管理粗放的椒园，其树势较衰弱，发病较重；树龄越大，发病越重。苟椒较其他品种的椒树抗病。

（二）防治方法

1. 及时清理、烧毁病落叶，并结合整形修枝，剪去带有病菌的枝条、病叶并焚烧，以减少初侵染源。

2. 加强抚育管理，增强水肥、除草等管理措施，以提高树势，增强其抗病性。整形修枝，使树冠通风透光，降低湿度。

3. 喷药保护，7月上旬喷药一次，摘椒后再喷1～2次。可采用65%代森锰或代森锌可湿性粉剂300～500倍液；1:1:200倍的波尔多液；50%托布津可湿性粉剂800～1000倍液，防治效果较好。喷药时，喷头由下向上喷，使叶片两面均受药，喷量不宜太多，以不滴药液为宜。

五、花椒枝枯病

花椒枝枯病俗称枯枝病、枯萎病。病原菌（*Phomopsis* sp. ），属于半知菌亚门，球壳孢目，球壳孢科，拟茎点属。

（一）分布与危害

花椒枝枯病分布于陕西、山西、宁夏及甘肃陇南、临夏、天水和甘南局部花椒产区。危害花椒枝条，引起枝枯，后期干缩。

（二）症状

该病常发生于大枝基部、小枝分杈处或幼树主杆上。发病初期病斑不甚明显，随着病情的发展，病斑为灰褐色至黑褐色椭圆形，以后逐渐扩展为长条形。病斑环切枝干一周时，则引起上部枝条枯萎，后期干缩枯死，秋季其上生黑色小突起，即分生孢子器，顶破表皮而外露。病菌以分生孢子器在病组织内越冬。

（三）病原菌

花椒枝枯病主要由拟茎点霉属真菌引起。此外，引起此病的还有色二孢（*Diplodia* sp.）。分生孢子生于寄主隆起的表皮下，分生孢子器扁球形，直径 230～336μm；分生孢子梭形或椭圆形、单孢、无色，大小为（8.7～33.7）μm×（1.5～3）μm，孢梗线形，大小为（11～14）μm×1.5μm。

（四）发病规律

该病菌主要以分生孢子器或菌丝体在病部越冬。翌年春季产生分生孢子，进行初侵染，引起发病。在高湿条件下，尤其遇雨或灌溉后，侵入的病菌释放出孢子进行再侵染。分生孢子借雨水或风及昆虫传播，雨季随雨水沿枝下流，使枝干形成更多病斑，从而引致干枯。椒园管理不善，树势衰弱，或枝条失水收缩，冬季低温冻伤，地势低洼，土壤黏重，排水不良，通风不好，均易诱发此病发生危害。

（五）防治方法

1. 加强管理

在椒树生长季节，及时灌水，合理施肥，增强树势；合理修剪，减少伤口，清除病枝，都能减轻病害发生。

2．涂白保护

秋末冬初，用生石灰 2.5kg，食盐 1.25kg，硫磺粉 0.75kg，水胶 0.1kg，加水 20kg，配成白涂剂，粉刷椒树枝干，避免冻害，减少发病机会。

3．刮治病斑

对初期产生的病斑，用刀进行刮除，病斑刮除后涂抹 50 倍砷平液，或托福油膏，或 1%等量式波尔多液。

4．喷药防治

深秋或翌春椒树发芽前，喷洒 5 波美度石硫合剂，或 45%晶体石流合剂 150 倍液，或 50%福美砷可湿性粉剂 500 倍液，对防治花椒枝枯病均有良好效果。

六、花椒干腐病

花椒干腐病俗称流胶病。病原菌（*Gibberella pulicaris*），属子囊菌亚门，球壳菌目，肉座菌科，赤霉属。

（一）分布与危害

花椒干腐病是伴随吉丁虫危害而发生的一种枝干病害。主要分布于陕西、甘肃各花椒产区，一般椒园的发病率为 20%～50%，高达 100%。该病能迅速引起树干基部韧皮部坏死腐烂，严重影响营养运输，导致叶片黄化，甚至整个枝条或树冠枯死亡。

（二）症状

花椒干腐病主要发生于树干基部，严重时也发生于树冠上部枝条。发病初期，病变部位呈湿腐状，病皮略有凹陷，还伴有流胶出现。病斑黑色，长椭圆形。剥开烂皮，病变组织内布满白色菌丝，后期病斑干缩、开裂，同时出现很多橘红色小点，即分生孢子座。旧病斑上还产生许多蓝黑色椭圆形颗粒，即病菌的子囊壳。一般病斑 5～8cm，造成大面积树皮腐烂，使营养物质运输不畅，因而病枝上的叶片黄化，若病斑环绕一周则花椒树很快干枯死亡。

（三）病原菌

花椒干腐病是由赤霉属的虱状竹赤霉菌侵染所引起。其无性阶段是接骨木镰刀菌（*Furarium sambucium Fuck.*）。分生孢子座突破寄主表皮生长，宽 370～1280μm，高 320～550μm。分生孢子梗单生或少量分枝，产孢细胞细长，瓶梗型。大型分生孢子具 1～5 个隔膜，分生孢子大小为（40～73）μm×（4～5）μm；小型分生孢子不多见。有性型子囊壳球形，集生于蓝紫色的子囊座上，子座突破寄主表皮外露。在干燥条件下，子囊壳上方出现凹陷，子囊壳直径为 200～300μm；子囊棒状，大小为（60～90）μm×（9～13）μm；子囊孢子椭圆形，淡黄色，大小为（13～21）μm×（5～8）μm。

（四）发病规律

该病病菌以菌丝体与繁殖体在病部越冬。5 月初，当气温升高时，老病斑恢复扩展，同时于 6～7 月份产生分生孢子，借风、雨传播，并通过伤口入侵。在自然条件下，凡是被吉丁虫危害的椒树枝干，大都有干腐病发生。病害的发生发展可持续至 10 月，当气温下降时,病害停止扩展。病害发生程度与品种、树龄及立地条件有关，豆椒和八月椒较其他花椒品种抗病，幼树比老树发病轻，阴坡比阳坡发病也轻。

（五）防治方法

1．搞好植物检疫

调运花椒苗木时，一定要做好该病的检疫工作，有病苗木严禁调往外地，以防传播蔓延。

2．加强抚育管理

改变对花椒园的传统粗放经营方式，加强管理，施好肥、灌好水，及时修剪，清除带病枝条。

3．药剂防治

（1）在花椒吉丁虫发生期，用40%氧化乐果乳油5倍液加1:1柴油，或50%甲基托布津可湿性粉剂500倍液，喷布树干治虫防病效果较好。

（2）对发病较轻的大枝干上的病斑，可刮除病斑，并在伤口处涂抹托福油膏或治腐灵。

（3）在每年3～4月，及采收花椒果实后，用40%福美砷可湿性粉剂100倍液，喷布树干2～3次。

七、花椒黑胫病

病原菌（*Phytophehora citrophthora*），属于鞭毛菌亚门，霜霉目，腐霉科，疫霉属。花椒黑胫病俗称花椒流胶病。

（一）分布与危害

花椒黑胫病分布于陕西，甘肃的陇南、天水地区和甘南州、临夏州的局部产椒区，其中以武都、舟曲、宕昌、礼县、西和、文县等地发生最严重。该病除危害花椒外，还危害花椒、苹果、桃、杏、李和辣椒、茄子等植物。对花椒幼苗、幼龄椒树和老龄椒树都能侵染发病，致使椒树流胶，生长不良，造成花椒减产，甚至整株死亡。患病椒树所结花椒果实，颜色土红，做调料食用无味，致使品质降低，失去经济价值。

（二）症状

该病主要发生在根茎部，根茎感病后，初期出现浅褐色水浸状病斑，病斑微凹陷，有黄褐色胶质流出。以后病部缢缩，变为黑褐色，皮层紧贴木质部。根茎基部被病斑环切（环绕根茎一周）后，椒叶发黄，病部和病部以上枝干多处产生纵向裂口，裂口长几毫米到7～8cm不等，也有的从裂口处流出黄褐色胶汁，胶汁干后成胶，严重时植株逐渐枯死。

（三）病原菌

花椒黑胫病是由柑枯褐腐疫霉侵染所引起。该菌在CMA、CA培养基上菌落分别为非绒毛型、绒毛型，菌丝白色，无隔，生长适宜温度为25℃，水解淀粉能力强。在CA培养基上培养7d，产生大量孢子囊及少量厚垣孢子。孢子囊卵圆形，乳突明显，多数单乳突，少数双乳突，大小为（28.6～79.7）μm×（22.4～39.8）μm，厚垣孢子球形，顶生或间生，直径16.2～41.1μm。雄器内生于藏卵器中，藏卵器和卵孢子球形，无色或淡黄色，藏卵器直径24.9～34.9μm，卵孢子直径21.9～31.9μm，雄器大小为（10.0～17.4）μm×（10.0～15.7）μm。

（四）发病规律

花椒黑胫病菌存在土壤中，是一种靠土壤和水流传播的病害。病菌从椒树根茎部伤口或皮孔侵入而发病。病菌3～11月都可侵染，染病后病情发展快慢决定于气温高低，气温在15℃～25℃时，气温越高，病斑扩展速度越快。据袁忠林等对六月椒树干病斑扩展速度的观察，旬平均扩展速度随季节变动而变化，变动范围每旬在1～8.2cm，以6月中旬至7月初扩展最快，植株感病到死亡期为30～60d，死亡的快慢还与树体直径有关。每年5月中下旬开始发病，6月底之前发病比较缓慢，7月中旬至8月上旬为发病高峰期，8月中下旬发病减慢。不同花椒品种感病程度不同，六月椒、大红袍最易发病，二红椒较抗病，八月椒和七月椒高度抗病。据袁忠林等报道，不同花椒品种的抗病性，除与花椒品种的特性。植株皮层细胞的构造有关外，还与体内生理生化物质含量的差异有关，即过氧化酶、多酚氧化酶活性。蛋白质含量越低和还原糖含量越高，则抗病性越强。椒树发病程度除与栽培品种有关外，还与生态环境及管理水平密切相关，一般水浇地或雨水多的地区及病虫害防治差的花椒树发病都较重。

（五）防治方法

1. 加强抚育管理

该病一般发生在水浇地和多雨地区，应注意花椒园环境的管理，要合理灌水，禁止大水漫灌，雨后应及时排水，减少病菌传播蔓延。

2. 嫁接防病

利用椒树不同品种间显著的抗病性差异，采用高抗品种八月椒或耐病品种七月椒做砧木，品质好而高度感病的六月椒做接穗，进行高位芽接或枝接，在防治黑胫病上可收到显著效果，其嫁接技术规程如下：

（1）砧木、接穗的选择。砧木最好选高抗黑胫病的八月椒，其次是耐病品种七月椒，也可用免疫的野生种苟椒。接穗选用产量高品质好的六月椒。

（2）芽接时间。每年5～9月。在一天中，最好在早、晚进行，注意不要日晒，不能溅水，避免影响芽接成活率。此外，苗圃地育砧木苗，要适当稀些，当年育苗翌年嫁接，这样便于操作，有利于芽的成活。

（3）嫁接方法。芽接比枝接好，选芽最好选取当年生枝条中间部位的芽，生长势强。用芽接刀在选取的芽上方约 0.5cm 处横切一刀，深达木质部，再在芽的下方约 1cm 处切入，并向芽上方推刀至切口处，切完后将芽片剥离下来，切成 1cm×1.5cm 的方块。注意芽片内面一定要光滑，不留毛茬。砧木切口大小，一定与芽片大小相一致，这样二者才能结合紧密，芽片嵌入砧木切口处后，用白色塑料带扎好即可。

3. 药剂保护

对感病品种，定植前用 40% 乙磷铝可湿性粉剂 20 倍液，或 70% 代森锰锌可湿性粉剂 30 倍液，或 50% 瑞毒铜粉剂 30 倍液浸根茎后定植。对已定植好的大、小椒树，分别于 3 月初和 6 月初，用 50% 瑞毒铜粉剂 200 倍液各灌根一次，然后覆土。此外，在发病初期喷洒 60% 百菌通可湿性粉剂 500 倍液，或 32.5% 花椒黄金可湿性粉剂 600 倍液，或 50% 卡苯得可湿性粉剂 700 倍液。

4. 刮治

用刀刮除病斑后，涂抹维生素 B 软膏，或熟猪油 15～20g，或托福油膏，治愈效果较好。

八、花椒根腐病

在甘肃各花椒产区均有分布，以陇南发病较重，达 30%，引起大量盛果期树死亡。

（一）症状

为害花椒根部皮层，造成腐烂坏死。树上部表现生长缓慢，矮小，叶片黄化萎垂，类似营养不良症状，严重时造成整株死亡。

（二）病原

此病是由一种线虫所引起，体似线状，两端稍尖。口腔内有吻针，用以刺穿根部组织并吸汁液。其对椒树的致病作用除用吻针刺伤椒树组织和在组织中穿行造成机械损伤外，主要是线虫穿刺椒树组织时分泌各种酶和毒素，造成根部腐烂坏死。据陇南何顺利等研究，其病原为（*Hedrshula sp.*）。

（三）发病规律

该病以种苗或土壤进行传播。在砂质土壤和潮湿情况下发病重。其生活史不详。

（四）防治方法

1. 加强检验和培育

加强检验和培育无病苗木，避免通过种苗传播。

2. 播种或定植前土壤消毒处理

最好轮作，以减少初侵染源。若要连作，则需反复犁耙，翻晒土壤。播种或定植前用 10% 克线丹颗粒剂沟施或穴施，每亩用量为有效成分 150～300g；也可用 98%～100% 必速灭，每公顷有效成分用量 139kg，施药后要覆土踏实。

3. 病树换土

在椒树休眠期，挖除病株根系表层（约 20cm 范围内）的土壤和须根，保留较大粗根，然后更换新土并施以有机肥，可减少病原线虫，促发新根，增强树势，减轻危害。对换下来的旧土移出椒园暴晒，须根焚烧。

附录 1

花椒丰产栽培技术规范

1 范围 本规程规定了花椒繁育、品种选择、立地类型确定、栽植措施、整形修剪、肥水管理、病虫冻害防治等丰产栽培技术指标。本规范适用于临夏地区及甘肃中部海拔在 1500～2200m，年降水量大于 300mm 的半干旱山区、亚湿润干旱山区及川塬灌区的临夏花椒栽培。

2 采种育苗 临夏花椒栽植后 3 年挂果，花椒实生苗遗传性稳定，种子育苗方法简单，繁育系数大，生产上常采用种子育苗的方法繁殖苗木。

2.1 采种 选择树势旺盛、产量稳定、无病虫害的椒树作为母树，最好将优树作为母树。母树树龄要求在 10～20 年。采种时间选在花椒果实完全成熟时（7 月下旬左右）进行，即在果皮出现开裂时，将种子和果实及时采收。

2.2 种子取出与处理

2.2.1 种子提取 果实采收后，选择通风干燥的地方晾干或晒干（强光暴晒不能超过 1h）。适时翻动，待果皮完全开裂后，用小木棒轻轻敲击，促使种子与果皮脱离。种子取出后要继续摊开晾干。

2.2.2 种子处理 种子处理的方法有沙藏和饼藏。

2.2.2.1 沙藏处理 按体积 1:5 将种子和湿沙混合均匀, 沙的湿度以手捏成团而不出水为宜。在排水良好的背阴处挖长不限、宽 1m、深 0.6～1m 的长方体坑。坑底先垫 10cm 厚的湿沙，然后倒入拌沙种子，离地 20cm 处覆上湿沙，与地齐平，上覆土 50cm，周围挖好排水沟。

2.2.2.2　饼藏处理　按体积比 1 份种子与 5 份黄土加少许草木灰，再用新鲜牛粪搅拌成泥，做成 3cm 厚的泥饼，置于通风处晾干，再藏于阴凉干燥的室内。翌年春季将饼撮碎，筛出种子即可播种。

2.3　育苗

2.3.1　整地　选择具灌水条件的壤土或沙壤土地作为育苗地。育苗前一年秋季，深翻灌水，确保底墒。育苗当年春季（3月下旬至 4 月上旬），结合深翻，施基肥和防治地下害虫，每亩施 3000kg 农家肥和 50kg 甲拌磷毒土，尔后耙平，准备播种。

2.3.2　播种　采用条播。对准备好的育苗地南北向开沟，沟深 2～3cm，相邻两沟间距 25～30cm，将种子撒播在沟内，亩播种量为 10～12kg，播种后，耙平镇压。

2.4　苗木管理　苗木管理分当年管理和次年管理。

2.4.1　当年管理　当幼苗长出 3～5 片真叶时需要间苗，保持留床苗平均株距 10cm 左右，亩定苗 2 万株。全年灌水两次，时间为 5 月上旬和 6 月中旬，结合第二次灌水及时施肥，以氮肥为主（尿素等），施肥量为每亩 20kg；全年除草三次，时间分别为 5 月上旬、6 月下旬和 8 月上旬；在生长季，及时防治苗木病虫害。

2.4.2　次年管理　主要为育苗地管理。全年追肥两次，第一次在 4 月下旬，以氮肥（尿素等）为主，追肥量为每亩 40kg，第二次在 7 月上旬，以磷钾肥（磷酸二氢钾等）为主，追肥量为每亩 60kg；灌水、除草各三次，灌水时间为 5 月上旬、6 月中旬和 7

月中旬，除草时间同第一年。

2.5 苗木出圃 苗木出圃在早春土壤解冻 25cm 时进行。合格苗木标准：应有 3 条以上侧枝，侧枝长度大于 15cm，地径应大于 0.5cm。起苗时，根系沾泥浆，用塑料袋包根，以防失水。运输时，对车厢进行包裹，以防风吹根系。

3 品种选择 临夏花椒主要有两个品种，即刺椒和绵椒。因栽植地生态环境不同，应选择不同的品种。

3.1 刺椒简介 刺椒是临夏州刘家峡库区毗邻四县的主栽品种，具有生长迅速、结果早、适应性较强等特点；其果实呈紫红色，椒香浓郁，品质优良。刺椒是强阳性树种，喜通风透光的生态环境，适宜生长在海拔 1500～2000m，年平均气温 6℃～9℃，年平均降雨量 500mm 以上的地方。在年降水量小于 300mm 的地方栽植，应具备灌水条件。栽植以黄绵土为主，黄麻土、沙壤土亦可。刺椒不耐水湿，不宜在地下水位高、易渍水的地方栽植；在高温高湿、林冠密闭、通透性不良的环境下，易发生花椒黑胫病。在临夏地区，年降水量和春寒（包括晚霜）是其生长的限制因子。

3.2 绵椒简介 绵椒是临夏州刘家峡水库周边浅山区发展花椒的主栽品种，具有抗寒、抗旱、适应性强等特点；其果实呈鲜红色，果皮品质仅次于刺椒。绵椒是强阳性树种，喜通风透光的生态环境，适宜生长在海拔 1800～2200m，年平均气温 5℃～7℃，年平均降雨量 400mm 以上的地方，在年降水量小于 300mm 的地方栽植，应具备灌水条件。栽植以黄绵土为主，黄麻土、沙壤土亦可。绵椒与刺椒比，抗逆性较强，对花椒黑胫病具有一定的抗性。在临夏地区，年降水量和春寒（包括晚霜）亦是其生长的限制因子。

4　立地类型确定　根据临夏花椒生物学特性，确定出适宜的立地类型。

4.1　水浇地　主要指在海拔 2200m 以下能灌溉的土地，包括塬台地、河滩地等。在海拔 2000m 以下，宜栽植刺椒；在海拔 2000m 以上宜栽植绵椒。

4.2　旱地　主要指海拔 2200m 以下无灌溉条件的土地，包括山坡地、水平台和梯田等。在海拔 2000m 以下，年降水量大于 400mm 的地方，宜栽植刺椒；在年降水量小于 400mm 的地方或在海拔 2000m 以上的地方，宜栽植绵椒。

4.3　宜林荒山荒地　海拔在 2200m 以下，坡度在 30°以下的宜林地。在年降水量大于 500mm，海拔 2000m 以下的地方，可选择阳坡、半阳坡栽植刺椒，阴坡栽植绵椒；在海拔 2000m 以下，年降水量 300～500mm 的地方，半阳坡、阴坡栽植绵椒；在海拔 2000～2200m，年降水量大于 400mm 的地方，可选择阳坡、半阳坡栽植绵椒。

4.4　不宜栽植花椒的立地类型　低洼地、地下水位高（80cm 以内）的土地、易渍水的土地、海拔高于 2000m 的梁顶和地处阴坡的宜林荒山坡及塬边迎风面、年降水量小于 400mm 的宜林荒山阳坡等地，不宜栽植临夏花椒。

5　栽植措施

5.1　整地方法　临夏花椒栽植的整地方法因立地类型、栽植品种的不同而异，主要整地方法有四种。

5.1.1　长垄整地　长垄整地适于水浇地小株距大行距的花椒栽植。株距 2～3m，行距 4～6m，在栽植后数年内，行间间作农作物。其整地规格为：宽 1m，高 25cm，长度因地而定，横断面呈弓型，见图 1。

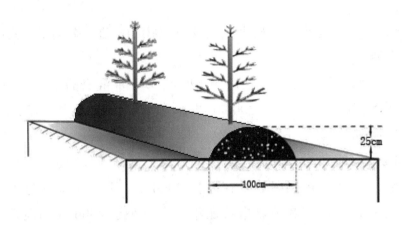

图 1

5.1.2 凸半球形整地 凸半球形整地适于农耕地（包括水浇地和旱地）花椒栽植中，它是临夏花椒栽植的主要整地方法。在水浇地整地规格为：以确定的定植点为中心，将周边的土向中心堆积成高 30cm，直径为 80～100cm 的半球形；在旱地，以确定的定植点为中心，将周边的土向中心堆积成高 20cm，直径为 60～80cm 的半球形，见图 2。

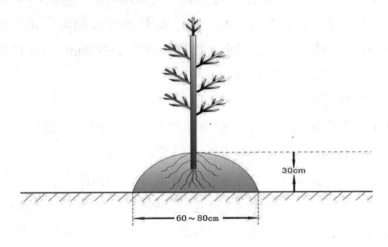

图 2

5.1.3 水平阶整地 水平阶整地适于坡度在 20°以下的宜林荒山的花椒栽植。其规格为：将宜林荒山整成宽 60～100cm，长 5～10m 的水平阶，水平阶间距因地形而定，一般以水平距 4～6m 为宜。

5.1.4 鱼鳞坑整地 鱼鳞坑整地适于坡度在 20°～30°的宜林荒山的花椒栽植。其规格为：以确定的定植点为中心，整成直径 60cm，外沿深 20cm 左右的坑。

5.2 密度确定 花椒是强阳性树种，进入盛果期的郁闭度应保持在 0.5～0.7 之间，在丰产栽培中，必须控制栽植密度。临夏花椒的栽植密度因立地类型、栽植品种的不同而异。

5.2.1 水浇地栽植密度 水浇地一般采用间作方式，宜采用小株距大行距，若栽植刺椒，株距应确定为 3～4m，行距为 5～6m，每亩 30～40 株；若栽植绵椒，株距应确定为 2～3m，行距为 4～5m，每亩 50～70 株。

5.2.2 旱地栽植密度 在旱地，因土壤水分不足，花椒生长量小，林冠郁闭的时间推迟，为了充分利用土地资源，其栽植密度应大于水浇地。若栽植刺椒，其株行距应确定为 3～4m，每亩 50～60 株；若栽植绵椒，其株行距应确定为 2～3m，每亩 70～90 株。

5.2.3 宜林荒山荒地栽植密度 宜林荒山荒地土壤水肥条件都较差，为了满足花椒生长所需水肥，则需稀植。若栽植刺椒，其株行距应确定为 3～6m，每亩 30～50 株；若栽植绵椒，其株行距应确定为 2～6m，每亩 50～70 株。

5.3 栽植时间 栽植时间因栽植季节的不同而异。春季栽植是在土壤解冻后，花椒即将萌芽时进行，即 3 月下旬至 4 月上旬进行。生产上大多采用春季栽植；秋季栽植是在花椒落叶前 30d 左右开始，至花椒完全落叶时结束，即从 9 月上旬至 10 月中旬。

5.4 栽植方法 临夏花椒的栽植方法主要包括苗木选择、挖栽植穴、树木定植、浇水修整、修剪定干和树盘覆膜。

5.4.1 苗木选择 必须选用生长健壮的合格苗木，不能用弱苗、病虫苗，苗木在运输中对苗木根系实行保水性包装。

5.4.2 挖栽植穴 在已完成整地的栽植地，按照确定的栽植点挖栽植穴，规格：直径 30cm，深 30cm。

5.4.3 树木定植 定植时，将苗木立于栽植穴中央，使苗木根系舒展，苗干直立端正，先填熟土于根系周围，后将生土覆于树盘表面，分层小心踏实，使根系与土壤充分接触，埋土至苗木根颈原土痕以上 1～3cm 处。

5.4.4 浇水修整 定植后及时浇足水，待水渗入后，上覆细土，并进行修整，使椒树主干位于最高处（长垄的脊部、凸半球形的顶部）。

5.4.5 修剪定干 定植后立即进行定干，将苗木主干 40～60cm 以上部分剪去。

5.4.6 树盘覆膜 定干后及时覆膜，土壤温度是影响花椒栽植成活率的主要生态因素，栽植后覆膜可提高土壤温度，促进花椒根系生长，从而大幅度提高花椒成活率。将地膜裁剪成 70cm×70cm 的方块，使苗木主干从方块中心穿过，再在地膜周边和苗木主干穿孔处压上细土。

6 整形修剪 整形修剪包括幼树整形、结果树修剪、老树更新及放任树改造。

6.1 幼树整形 在花椒栽植后 1～4 年内进行，主要培养树体

骨架和合理的树型。定植当年，主要为定干，将树木主干 40～60cm
以上部分剪去，剪口下留 5～8 个饱满芽；第二年，在主干上萌发
的侧枝中，按不同方位均匀保留 3～5 个生长健壮的枝条，作为主
枝进行培养，其余密生枝、重叠枝、细弱枝全部剪去。保留的主
枝要错落有致的分布在主干 30cm 左右的整形带上；第三年，早春
萌芽前，在选留主枝离主干 2/3 处短截，促发一级侧枝；第四年早
春选方向、着生部位合理的一级侧枝短截，促发二级侧枝。

6.2　结果树修剪　花椒结果树修剪的主要目的是改善树冠通
风透光条件，平衡树势，促进丰产。主要采取疏剪的方法。早春
萌芽前，剪除椒树基部徒长枝及其他部位的密生枝、竞争枝、病
虫枝及树冠下部遮阴处的细弱结果枝等；秋季花椒采收时，也可
结合采收对干枯枝、病虫枝、衰弱枝进行疏除或短截。

6.3　老树更新　花椒进入 25 龄之后，萌发新枝的能力减弱，
内膛和树冠下部结果枝大量死亡，主侧枝先端出现枯死现象，树
冠内膛徒长枝增多，内部通风透光条件变差，此时必须进行更新
修剪。其目的是逐步更新树冠，恢复树势，保证获得一定的产量。
其修剪措施是短截与疏剪。对主侧枝先端衰老部分进行较重的剪
截回缩，回缩至 4～5 年生的部位，选留剪口下萌发强壮枝做新的
主枝或侧枝，第二年对其进行中短截，促使形成旺盛的结果枝组。
待新的树冠长成以后，将老的主枝或主干从基部锯除。

6.4　放任树改造　放任树改造的目的是树冠通风透光，恢复
结果能力。主要采取疏剪的改造方法。对严重影响全树光照的大
主枝从基部疏除；对影响内膛光照的大枝疏除开心或重截开心；
对影响光照和生长的徒长枝、交叉枝、病虫枝全部疏除。次年，
再将位置不合理的徒长枝、当年生枝再行疏除。

7 肥水管理 椒园肥水管理包括施肥和灌水。施肥主要有追肥和施基肥；灌水主要为春灌和冬灌。

7.1 追肥 椒树追肥的对象主要为 1～10 龄的幼树。栽植后，为了促进幼树生长，必须进行追肥。以速效性肥料为主，常用的肥料种类有尿素、磷酸二铵等，施肥量为每株 50～100g，施肥时间为 5 月中下旬。其方法：在距主干 50～80cm 处，围绕主干挖 20cm 深的环形沟，将肥料均匀撒入，再用土掩埋。

7.2 施基肥 在花椒开始挂果后和进入盛果期（5 龄以后），为确保花椒稳产丰产，必须施基肥。基肥种类主要有农家肥、厩肥、绿肥等；施肥量视椒树大小而定，一般为每株 25～50kg；施肥时间以 8～9 月为佳；其方法：在距主干 50～80cm 处，向外放射状挖 4～6 条深 30cm 的条形沟，将肥料填入后掩埋。

7.3 春灌 在临夏地区常出现春旱，为了满足花椒生长所需水分，在具备灌溉条件的地方，必须进行春灌。春灌时间在 5 月中下旬，最好在追肥后进行，其灌水量以水位低于花椒主干基部 10cm 为好。

7.4 冬灌 临夏地区冬季漫长，进行冬灌既可以减少来年花椒病虫害的发生，推迟萌动期，以降低晚霜危害，又可使土壤保持较好墒情，避免春旱。因此在有条件的地方，可进行冬灌。冬灌时间应选择在 11 月（最好在土壤临冻时进行），其灌水量以水位不浸泡到主干基部为宜。

8 病虫害防治 花椒抗逆性较差，常因不适宜环境变化而发生各种病虫害，花椒病虫害已成为降低花椒产量、减少农民收入和花椒产业化建设的制约因素。临夏花椒的主要病害有：花椒黑胫病、煤污病、枝枯病等，主要害虫有：蚜虫、红蜘蛛、铜色花椒跳甲和蚧壳虫等。

8.1　花椒黑胫病的防治　花椒黑胫病在临夏地区发生面积较大。此病多发生在主干基部和主枝中下部，是花椒病害之顽症。花椒黑胫病是由土壤、灌水、人为损伤和昆虫危害等多种因素引起的病害。其防治方法包括预防和治疗。

8.1.1　花椒黑胫病的预防　花椒黑胫病的预防应采取综合预防措施，主要措施有工程整地、土壤管理和树体管理。

工程整地：主要在新建椒园中进行，水浇地采用 3m×6m 株行距，将地整成高 30cm，宽 1m 的长垄，将花椒栽植在垄脊上；旱地采用 3m×4m 的株行距，将地整成高 20cm，半径 60cm 的凸半球形，将花椒栽植在半球顶上。

土壤管理：对已建椒园，在 3～5 月，向花椒树干基部培土，使灌溉水不能浸泡到主干，6～9 月份，在雨季来临前，将培土挖去，露出干基部，并在离主干基部 1m 左右处挖直径为 0.5m 的排水坑，以防雨水浸泡树干基部；间作矮秆抗旱作物，在主干周围留出 1m 以上空地；及时清除树干周边杂草，增加通风透光条件。

树体管理：及时修剪清理枯枝落叶，集中烧毁；调整椒园疏密度，使其郁闭度小于 0.6，增加通风透光条件；冬季用 5% 的食盐水与石灰水混合，将 1～1.5m 以下部位涂白；春季在萌动前，喷石硫合剂，浓度为 5 波美度；及时预防各种虫害的发生，以防传播花椒黑胫病病菌。

8.1.2　花椒黑胫病的治疗　治疗的对象为已受到花椒黑胫病危害的椒树，对多处出现病状（50% 以上主枝感染），发病程度重的椒树，采用挖掉烧毁的办法清除；对局部出现的病状，发病程度较轻的椒树进行药物治疗，其方法：用刀刮除病斑后，在伤口处用 90% 的乙磷铝、或 40% 的多菌灵、或 40% 的福美双、或 70%

的甲基托布津等药的 50 倍液进行涂抹。

8.2　煤污病的防治　危害花椒叶片和果实及其一年生枝条。其防治方法是：第一，加强修剪，增加树体通风透光条件；第二，加强对蚜虫和蚧壳虫的防治；第三，休眠期喷雾 3～5 波美度的石硫合剂。

8.3　枝枯病的防治　此病多危害 1～2 年生枝条，多发生在山脊、梁峁上。用阿巴木水剂 200 倍液或 70%代森锰锌对树体注射或根埋效果最佳，喷施或涂抹次之。

8.4　蚜虫防治　蚜虫主要危害嫩枝梢、花和幼芽等。休眠期喷雾 3～5 波美度石硫合剂；花椒谢花后，喷施 2000～2500 倍液爱诺虫清；6～7 月喷 1～2 次蚜虱净 3000 倍液。

8.5　红蜘蛛防治　红蜘蛛危害花椒叶片。发芽前喷 3～5 波美度石硫合剂；土壤解冻后，将树基部的培土刨开，用 500 倍液的辛硫磷进行喷洒杀灭土壤中越冬红蜘蛛；花椒谢花后喷 1500 倍液克螨特，5～6 月喷 3～4 次 2000 倍液蚜虱净进行防治。

8.6　铜色花椒跳甲防治　花椒跳甲危害复叶柄和果穗。其防治方法：3 月下旬，刨开花椒主干基部的培土，用 500 倍液的辛硫磷进行触杀；4 月下旬虫蛰盛期及 6 月中旬成虫盛发期各喷一次 3000 倍液的一遍净或 6000 倍液的灭多威；秋末落叶后在树冠下的表土层中喷 500 倍液的辛硫磷，消灭土中越冬的害虫。

8.7　花椒蚧壳虫防治　结合冬剪，剪去虫枝，集中烧毁。花椒休眠期喷施 3～5 波美度石硫合剂，或 45%晶体石硫合剂 120 倍液。5 月中下旬至 6 月上中旬是一代若虫孵化盛期，用 97%机油乳剂 120～180 倍液，或 50%久效磷 600～800 倍液，或 40%氧化乐果 800～1000 倍液，或 2.5%溴氰菊酯乳油 1000～2000 倍液喷雾；

8 月中下旬是二代若虫孵化盛期，可用 40%氧化乐果 500 倍液，或 2.5%溴氰菊酯乳油 800 倍液喷雾。

9　冻害防治　花椒冻害是临夏花椒的主要自然灾害，严重影响花椒生产，成为花椒发展的主要限制因子。花椒冻害主要有极端低温冻害、春寒冻害和晚霜冻害。

9.1　极端低温冻害　由于冬季寒流频繁，气温不断下降，达到多年来最低点，超过花椒能承受的最低限度，造成主干或主枝纵向冻裂。极端低温冻害的防治方法：加强综合管理，夏秋季增施磷钾肥，增强花椒抗性；幼树采取涂白或缠塑料薄膜等保护措施；对已受冻害的树及时涂抹 1∶1∶100 的波尔多液。

9.2　春寒冻害　由于冬春季气温变化异常，冷热加剧，在花椒萌动后，又因大风引起大面积大幅度降温，造成花椒嫩芽及一年生幼枝受冻。其防治方法有：①夏秋季增施磷钾肥，增强花椒抗性；②采用冬灌、全株涂白、树盘喷白、春季树盘覆麦草等办法，减少椒树对热量的吸收，降低土壤温度，推迟花椒萌动期。

9.3　晚霜冻害　在 4 月下旬至 5 月上旬，因天气连续多日降雨后在夜间突晴，引起降温，使花椒已萌发的嫩枝、叶、花受到冻害。其防治方法：注意收听天气预报，在霜冻到来之前 2～3h，椒园内燃放数堆烟雾，或树体上喷施叶面肥料以增强叶花的抗寒能力，或在椒园内灌水以提高椒园气温。在冬季全株涂白、树盘喷白、树盘堆雪，推迟花椒萌动期。

附录2

临夏州花椒产业存在的问题及对策

为深入了解全州花椒产业发展现状，认真研究临夏花椒生产中存在的实际问题，客观分析制约花椒产业发展的因素和短板，加快推进农业供给改革步伐，充分发挥林果产业在精准扶贫中的积极作用。我们积极组建调研小组，及时完善调研方案，有计划、有组织地开展了花椒产业专题调查研究工作。通过认真细致地调研，初步掌握了临夏州花椒产业基本情况，发现了临夏花椒产业发展中存在的诸多问题，分析了制约花椒产业发展的主要因素，并提出了针对性的发展对策和建议。现将调研情况汇报如下：

一、临夏花椒产业发展现状

（一）花椒种植基本情况

临夏州花椒产区以刘家峡库区周边的临夏、东乡、积石山、永靖四县为重点，主要分布乡镇为临夏县的莲花镇、南塬乡、坡头乡、桥寺乡和河西乡；积石山县的安集乡、银川乡、铺川乡、郭干乡、关家川乡、柳沟乡、石塬乡、胡林家乡；永靖县的三塬镇、岘塬镇、刘家峡镇；东乡县的河滩镇。全州栽植花椒的乡（镇）有57个，267个行政村，53 400户。其中，花椒栽培典型乡镇12个，栽植面积17.02万亩，人均花椒收入1500元；典型村21个，栽植面积 7.6 万亩，人均花椒收入 2100 元；典型农户 6782 户，栽植面积 2.81 万亩，人均花椒收入 5000 元。

临夏花椒产区栽培的花椒品种主要为刺椒和绵椒。刺椒和绵椒在临夏花椒产区也有一定的分布规律。其中刺椒主要分布在热量条件较好，具有灌溉条件的川塬区域，绵椒主要分布在海拔较高、热量条件较差的干旱半干旱山区。**大体分布区域为：**刺椒主要栽培区域为东乡县河滩镇；永靖县三塬镇、岘塬镇、刘家峡镇；临夏县的莲花镇、南塬乡、河西乡；积石山县安集乡的三坪村，银川乡银川河两岸的川区。**绵椒主要栽培区域：**临夏县的南塬乡、坡头乡；银川乡银川河流域的南北两山的山区耕地，安集乡、郭干乡、关家川乡、柳沟乡、石原乡、胡林家乡等。

（二）花椒产销合作社发展基本情况

临夏地区有关花椒栽培种植的农民合作社比较少，多为花椒产销合作社。临夏花椒产销合作社发展势头良好，运行机制也比较健全。2018 年 7 月下旬到 8 月上旬，调研小组通过联系相关各县林业部门，主要调查了临夏县土桥花椒市场、莲花诚惠花椒市场、临夏县成平花椒合作社、临夏县满山红花椒农民专业合作社、临夏县兴莲花椒加工有限公司；积石山县建平花椒种植购销农民专业合作社、积石山县银川乡万盛花椒合作社；东乡县河滩镇树林花椒农民专业合作社；永靖县绿源苗木合作社。临夏州花椒合作社比较多，重点介绍以下几个。

临夏县土桥花椒市场：土桥花椒市场是临夏州最大的花椒购销、贮藏、加工市场。市场内成立了临夏州花椒协会，花椒协会会员达 78 家，协会成员主要为临夏县各乡镇花椒合作社、花椒购销公司、仓储公司、农产品贸易公司等，市场体系运行比较良好。整个市场集花椒购销、储藏、加工、分级包装等多种功能为一体，市场销售信息与全国花椒市场信息同步共享，客户遍布全国各地，花椒产品主要销往四川、重庆、福建、广东、贵州、西藏等地。据调查，土桥花椒市场花椒年加工销售量达 340 万 kg，通过筛选、分级包装等粗加工后，以批发、零售、电商等形式销往全国各大城市和各地食品加工企业。

莲花诚惠花椒市场：花椒市场位于莲花镇鲁家村。该村位于莲花镇花椒栽培中心区域，据该市场主要负责人鲁孝禄介绍，鲁家村 200 多户农户，有 80%以上农户从事花椒收购加工行业。该市场花椒年加工销售量 100 万 kg 以上，其中临夏县椒香源一家合作社花椒年加工销售量达 30 万 kg。

积石山县建平花椒种植购销农民专业合作社：该合作社为州级示范社，目前正在申请报批国家级示范社。积石山县建平花椒种植购销专业合作社成立于 2013 年 5 月 15 日。合作社成员出资 369 万元，入社成员 106 人，辐射带动周边农户 350 余户。是一家集收购、储藏、分级加工包装、销售为一体的花椒种植购销专业合作社。合作社生产的花椒色艳、粒大、味浓，主要品质指标都不亚于陇南大红袍花椒。合作社年购销、加工花椒 120 万 kg 以上。

东乡县河滩镇树林花椒农民专业合作社：该合作社由农民企业家杨树林、河滩供销社及供销社职工郭延贤等人发起，于 2006 年 5 月成立。成立至今累计加工销售花椒 1000 多 t，销售额达 3000 万元以上，服务农户 500 户。该合作社成立后，通过建厂房，购买花椒加工设备，开拓花椒销售市场，东乡县河滩镇花椒生产成功实现了从简单粗放型向市场集约型的转型，并且注册了自己的花椒品牌。极大地鼓舞了东乡县河滩镇花椒农户的生产积极性，使东乡县河滩镇花椒从农户零星销售走向了国家花椒市场。

永靖县绿源苗木合作社：该合作社位于永靖县刘家峡镇白川

村。该合作社主要以花椒、核桃、柿子等育苗产业为主，其中花椒育苗最多，约 200 亩。百川村也有近百亩花椒生产园，其花椒栽培与其他生产乡村别具一格，其最大特点是花椒栽培品种多。临夏州绝大多数花椒栽培区域主要栽培品种为刺椒和绵椒，而白川村栽培的花椒品种比较多，有早、中、晚熟品种。合作社负责人孔林吉介绍，白川村栽培的花椒有 6 月熟、7 月熟、8 月熟、甚至还有 8 月到 9 月熟的花椒品种。该合作社大量的花椒苗木可为临夏州及省内外其他地方花椒造林提供大量的优质花椒苗木。

（三）林果产业技术服务体系建设

临夏州现有林业科技服务机构 126 个，科技人员 1273 人，其中高级职称 50 多人、中级职称 200 多人、初级职称 350 多人，农民技术员 5300 多人，基本形成了州、县、乡、村四级科技服务网络。各级林业科研推广人员，结合全州特色林果产业基地建设，从新品种引进、示范园建设、丰产栽培、标准化生产、病虫害防治等方面开展了大量卓有成效的科学研究和技术示范推广工作，先后完成了《万亩花椒低产园改造技术》《花椒流胶病防治技术研究》《花椒新品种——秦安 1 号引种试验》《临夏中北部干旱山区花椒栽培模式研究》《花椒蚧壳虫方式技术试验示范》《花椒主要病虫害生物控制和综合治理技术研究与示范推广》等项目，提出了一系列花椒栽培管理的配套技术，解决了花椒栽培的诸多技术性问题，提高了花椒产业化建设质量和水平，促进了花椒产业化发展进程。

二、花椒产业发展存在的问题

临夏州花椒产业虽然呈现出蓬勃发展的良好态势，但还存在诸多困难和问题。主要表现在两个方面，一是花椒栽培管理技术方面；二是花椒产业体系管理服务方面。

（一）花椒栽培管理技术方面

1. 农户对花椒生产科学管理的认识不到位，田间管理粗放，栽培密度过大

临夏花椒大面积快速发展是在 1999 年退耕还林工程实施后形成的。当时花椒造林密度按照生态林要求，普遍以株行距 2m×3m 栽培。因此，目前结果花椒树栽培密度都比较大，造成椒园郁闭度过大，园内通风透光不良，病虫害严重，单株花椒产量过低，造成看似树多但不丰产的后果。不仅如此，还有部分花椒地块管理粗放，除草不及时，施肥不科学，树木修剪不合理。特别要说的是树木修剪问题，为了采收方便，花椒一般要求树冠要低一点，这要通过花椒树的修剪、拉枝、压枝等措施来实现。但是临夏花椒产区几乎所有的花椒树树冠都很高，采收时人要站在两米，甚至两米五高的梯子上采收，不仅费力费工，而且还很不安全。

2. 花椒流胶病危害严重

花椒流胶病是花椒栽培中最头疼的问题，甚至对某些花椒产区具有非常严重的潜在危害，部分乡村因花椒流胶病的危害而出现花椒面积明显减退的现象。花椒流胶病在临夏州花椒产区普遍存在。通过调研，分析发现，其中主要发生区域分布在临夏县莲花镇、南塬乡、坡头乡、桥寺乡和河西乡等乡镇的川塬灌区；积石山县银川乡的银川河两岸的川塬栽培区域，安集乡的三坪村等栽培区域；河滩镇祁杨村、东干村、盐场村、团结村、王胡村、韩杨村等。甚至在莲花镇、南塬乡、安集乡、河滩镇的旱地花椒，也存在因花椒流胶病危害而造成减产的现象。据调查，比较严重的花椒园发病率20％～30％，年死亡率10%左右。花椒流胶病的危害具有一个非常致命的特点，那就是因花椒流胶病死亡的花椒树周围栽不活新的花椒树，即使能栽活，等到椒树快到结果的树龄时也会侵染花椒流胶病而死亡。可以说，临夏花椒产区花椒流胶病的防治技术还没有从根本上得到突破。因此，当现在的花椒树到了大面积老化需要更新的时候，如何面对花椒产区、产业发展，这要求我们要提前着手，认真面对花椒产业潜在的问题。经过这次调研，我们发现了新方法，可以有效地解决花椒流胶病危害的问题，这个办法就是在八月椒上嫁接刺椒、绵椒，八月椒作为砧木的嫁接苗可以在死亡后花椒树周边的土壤中完全可以栽植成活。但是目前花椒嫁接技术不是太成熟，嫁接成活率还有待提高，嫁接苗木抗冻害等抗逆性方面的表现有待考证。这需要我们通过系统的试验研究，得出科学的研究成果，为花椒嫁接繁育生产提供科学的理论依据。

3．大多农户对虫害认识不到位，虫害防治缺乏科学性

目前，危害花椒树的害虫主要是蚜虫、红蜘蛛、花椒跳甲等。其中，红蜘蛛主要危害花椒叶片，大量的红蜘蛛聚集在叶片背后，刺吸椒树营养，虫口密度较大时可造成花椒树势减弱，严重时可造成花椒减产。花椒跳甲危害花器、果柄、果实等，危害时可造成落花落果，危害严重时，可造成花椒减产。

花椒害虫中对花椒产量和品质影响最大的要数花椒蚜虫，因为花椒蚜虫每年都会发生，只不过是每年的发生程度轻重不同而已。花椒蚜虫成群集中在花椒嫩梢顶端，主要危害花椒嫩梢前段的叶片、枝条和果实。危害期主要发生在6月，正是花椒果实膨大期，所以对花椒产量影响比较明显。由于花椒蚜虫危害时，虫头数量大，危害时间比较长，其大量的排泄物散落在花椒叶片、果实和椒树枝干上，形成一层营养丰富的物质层，其上大量滋生黑霉菌，形成霉污层，又称花椒煤污病。花椒煤污病严重影响花

椒叶片光合作用，从而造成树势减弱。最为重要的问题是，花椒煤污病发生时，花椒果实表面布满一层黑色霉层，明显影响果实颜色，从而影响花椒果实的色泽，使花椒色相变黑变次，直接影响花椒品质和销售价格。

目前，大多农户还没有很好地掌握蚜虫、红蜘蛛和跳甲等害虫的防治技术，特别是很多农户还认识不到红蜘蛛和花椒跳甲的危害性，更谈不上科学防治。对蚜虫的防治，大多农户还是防治不到位，在防治时期和选择农药方面缺乏科学性、合理性，无法完全杜绝蚜虫的危害。

4. 冻害问题

冻害是临夏花椒危害范围最广、对花椒生产威胁最大的自然灾害。据调查，临夏州花椒平均 3 年要经历一次大范围冻害，严重造成花椒减产，甚至绝收。通过调研发现，2018 年春季的两次倒春寒对临夏州花椒造成了非常严重的危害。其中，临夏州花椒产区的刺椒全部绝收，绵椒收成仅有往年的 20%～30%，随之而来的便是花椒市场价格大幅上涨，花椒价格较上年同期增 50%～100%。

5. 采收问题

采收是花椒生产中的关键环节之一。花椒采收主要面临三个问题，一是采收人工问题。二是采收时间问题。三是采收后晾晒烘干问题。**一是采收人工问题**：调查发现，不论是在临夏还是全国其他花椒产区，目前花椒采收完全靠手工采摘，虽然市场上有多重花椒采收器械，但是还达不到理想效果，其采收速度和采收的花椒质量均不看好。而花椒人工采收的人员主要是妇女、老人和暑假务工的学生，花椒丰产的年份，由于花椒采收时间比较集中，采收花椒的人员比较缺乏。因此，花椒的采收成本比较高，有时还出现花椒因采收人员不足而放弃采收的现象。**二是采收时间问题**：部分农户由于花椒种植面积大，害怕采收不完而提前采收，提前采收的花椒未完全成熟，造成花椒果皮色相差、果肉薄、产量低、品质不高。**三是采收后晾晒烘干问题**：花椒采收后要求立即晒干，最好是当天采收，当天晒干。当天晒干的花椒色相好，果壳开口好、品质高。如果遇到阴雨天，采收后的花椒无法晒干，就需要烘干。目前市场上有多种烘干机，也有农民自制土法烘干箱，但是烘干后的花椒品质普遍低于阳光晒干的花椒品质。如果碰到连续阴雨天气，还会出现采收后花椒无法晾晒而霉烂变质的现象。

（二）花椒产业体系管理服务方面的问题

1. 政府部门的政策导向有偏差

临夏州县乡各级政府部门在花椒产业发展方面给予了很多优惠政策，为花椒产业的发展创造了很多有利的条件。就目前情况来看，很多优惠政策多倾向于供销市场的发展和花椒供销合作社的建设，忽视了花椒栽培生产和花椒栽培技术的研究及技术成果的推广示范工作的支持。临夏州花椒虽然有几十万亩的花椒栽培面积，但是很难找到一片栽培密度标准、树冠结构合理、病虫害防治比较科学、树势特别强、产量比较高的花椒地。在调研过程中，我们几乎走遍了所有临夏花椒栽培的重点区域，到处见到的是花椒地蚜虫、蚧壳虫、花椒煤污病的危害，很多椒树地间作了各种农作物，椒树长得不是很整齐，其他作物长在花椒树下，长势也不怎么好，花椒产量很难提高。如果花椒产量没有了、质量没有了、商品品质没有了，发展花椒产销合作社，建设花椒市场有什么前途？所以说，各级政府部门一定要转变观念，适当转变政策方向，一定要认识到花椒栽培管理技术的重要性，一定要扶持科研技术单位的科学研究和技术推广工作，一定要让花椒生产注入科学技术的力量，要重视科学技术对花椒产量产值的影响力。科学研究和技术推广工作跟上了，花椒产量就有了，产业规模也有了，市场就自然形成了；技术服务跟上了，花椒品质质量提升了，市场自然就认可了；花椒品质提升了，产品影响力自然拓展了，价格也上去了，农民的收入也就自然提高了，政府脱贫的目标任务也就迎刃而解了。

2. 相关产业管理服务部门、科技管理部门服务宣传不到位

临夏州县各级花椒产业服务部门，特别是各级林业管理部门和科技管理部门每年都在开展花椒产业宣传促进工作，每年都在统计、上报花椒产业的发展情况。虽然各种林业工程，特别是退耕还林工程，对花椒产业的发展起到了非常巨大的促进作用，使临夏地区花椒的栽培面积大幅增加。但是，在退耕还林工程中大量的花椒造林地大多采用的是 3m×2m 的生态林造林标准，这样大的栽培密度，花椒树长大后林地郁闭度都很高，花椒树长得也很高，这样的花椒树很难达到品质好、产量高的目标。包括退耕还林在内的很多造林工程和项目，大多以工程项目管理部门的建设任务为目标，很少考虑花椒栽培的科学性、合理性，甚至不考虑种植后花椒的产量、质量和后续发展和管理服务情况。比如，2018年临夏三区工作服务的东乡县果园乡杨王村，据村主任介绍，2018年杨王村完成的 400 亩退耕还林，种植的就是花椒，花椒苗木是县林业局提供的，又不清楚是刺椒还是绵椒，栽植后又没人管理，可以说，种植后谁都没有到过种植后的花椒地，这样的退耕还林造林工程质量可想而知。所以，今后各种花椒产业发展项目、造林工程一定要考虑到花椒生产的实际需求和造林的科学性，不能盲目随上，浪费资源。临夏州县各级科技管理服务部门，每年都

在进行花椒栽培技术的宣传工作，但是怎么宣传，宣传工作质量怎么样，宣传效果怎么样，很少有人在意过。所以科普宣传、科技服务工作不能程序化，不能搞形式主义，一定要把工作做到实处，才能真正达到科普宣传的目的。

3. 科研院所和技术服务单位在花椒方面的课题研究、技术推广示范与科技服务远远落后于花椒产业的发展水平

一个产业的发展，必须要有强大的科学技术做支撑。注入了科技力量的产业，才会具有强大的生命力。临夏花椒产业已具有几十万亩的规模，已经成为临夏州最大的经济林产业，已经在全国花椒行业小有名气，花椒收购和销售市场已成体系。但是，全州切切实实搞过课题研究的技术人员有多少，有多少科技人员做过花椒栽培技术的推广示范工作？可能只有临夏林业技术推广站做过相关问题的科研工作和各种技术的推广示范工作。结合临夏地区的实际情况，好多单位做过的一些针对性的课题研究工作，也解决了一些问题，也有做过花椒研究成果推广示范工作的。但是，这些花椒栽培管理技术方面的工作，与全州几十万亩的花椒栽培规模相比较很不相称。所以在花椒栽培管理技术和技术成果示范推广方面，还有很多工作要做，特别临夏林业技术推广站技术人员还需努力。但是，这要求单位的相关管理部门、各级领导和各位技术人员通过各种关系，拓展各种渠道，积极争取更多的项目和研究课题。

三、花椒产业发展建议和对策

（一）提高认识，加强政府和相关部门对花椒产业的引导作用和支持力度

政府部门一定要认识到花椒是临夏州最大的经济林产业这个

现实情况。花椒产业遍及刘家峡库区周边的临夏、东乡、积石山、永靖四县为重点的 57 个乡（镇），267 个行政村，53 400 户。特别是临夏县的南塬乡、坡头乡和莲花镇；积石山县的安集乡、银川乡和铺川乡；永靖县的三塬镇、岘塬镇、刘家峡镇；东乡县的河滩镇的部分村社农民主要收入完全依靠花椒生产，花椒生产对这些村镇农民的脱贫致富具有非常重要的现实意义。

临夏花椒种植面积在全国来说不算大，但是临夏花椒品质品味处在全国前列，特别是临夏刺椒，其味道和品质在全国花椒市场上比较有名气。因此，在依托林业重点生态工程建设和林果发展项目推进花椒产业化发展的前提下，建议各级政府部门应进一步加大资金扶持力度，进一步加大花椒栽培技术的示范推广力度，支持临夏州优质花椒产业基地的标准化建设。要进一步完善奖励机制，对基地建设规模大、标准高、效益好的单位、企业和农户给予表彰奖励，特别是在新品种引进、新技术推广、新模式创新等方面做出突出贡献的单位和个人给予政策和资金上的扶持。

（二）大力开展花椒科研项目，积极示范推广科技成果，提高科学技术对花椒生产的促进作用

一是要有针对性地开展花椒科研项目，通过科研项目解决花椒生产栽培中老百姓最关心的问题。比如通过研究花椒嫁接育苗技术，从根本上解决花椒流胶病的危害问题，这个事情已经有农民在做，而且已经有成功的范例。在这次调研过程中，针对以八月椒作为砧木嫁接刺椒和绵椒可以有效防治花椒流胶病的问题，临夏林业技术推广站技术人员前前后后专门到河滩镇祁杨村去了三次，也找到了一片栽植八月椒的地块，发现了 30 多株树龄在 15 到 20 年的八月椒，通过调查，确实在八月椒椒树上没有发现花椒流胶病的危害现象。通过不懈努力，在河滩镇祁杨村也找到了在

八月椒上嫁接的刺椒结果树，大概有 10 株左右，树龄在 15 年左右，通过调查，在嫁接椒树上也没有发现流胶病危害症状，而且嫁接刺椒树上的皮刺明显少于没有嫁接的刺椒树，皮刺的大小也明显减小。所以初步断定农民们说的在八月椒上嫁接刺椒和绵椒可以有效防治花椒流胶病是可行有效的。在永靖县刘家峡镇白川村的调研过程中，也发现了以八月椒为砧木的嫁接椒树，通过调查发现，嫁接椒树花椒流胶病的发生率相对来说非常低，就是在嫁接椒树上偶尔发现了花椒流胶病，其危害症状也很轻，只是在病害发生部位有一点流胶现象，病斑并不扩展，表现出很强的抗病性，不像没有嫁接的刺椒和绵椒，只要发生花椒流胶病，病斑很快扩展，树皮成片腐烂，容易造成椒树死亡。如果在八月椒上嫁接刺椒和绵椒的技术完全成熟，可以有效地防治花椒流胶病对花椒树的危害，也为今后数十年内临夏州花椒产区几十万亩花椒树的新老更替提供了优质的花椒苗木。当然，这需要我们在花椒品种选择和嫁接繁育技术方面进行系统化的研究，得出科学可行的理论依据。所以，经过这次调研，发现花椒流胶病的防治技术研究、花椒嫁接育苗技术和花椒嫁接砧木的筛选研究是临夏花椒栽培方面目前最具现实意义和迫切需要解决的研究课题。如果这些技术得到解决，可以为临夏花椒产业的可持续发展提供可靠的技术保证。

除了开展通过嫁接技术防治花椒流胶病的防治技术外，在花椒生产上，临夏州林业技术推广站需要开展研究的内容还很多。比如花椒树整形修剪和矮化技术、各种病虫害防治技术、花椒间作技术、花椒科学施肥技术、花椒优良品种的引进繁育技术等。经过实地调研，发现了临夏花椒树的整形修剪存在很大的问题。花椒树整形修剪，很多技术人员把花椒整形修剪问题停留在口头上，由于种种原因，很少做过研究工作。经过这次交流，发现花椒树从栽培定植开始，应该通过拉枝等整形修剪技术降低花椒树的高度，便于花椒采收和病虫害防治等生产管理工作，这样可有效提高花椒产值产量和生产成本。通过调研发现，临夏花椒栽培生产中，花椒树的整形修剪的问题比较大，临夏的花椒树普遍都比较高，有的甚至达到五六米，很多农民不重视花椒树的修剪整形，也有些花椒树是经过修剪的，但是花椒树冠枝组结构还是不够科学合理，树冠结构紊乱。因此，花椒树的整形修剪技术是临夏林业技术推广站需要立项解决的主要生产技术之一。

积极推广现有花椒科研成果，提高花椒科学技术在花椒生产中的示范作用。包括林科所在内的临夏州农林科研技术单位在花椒生产方面已经取得了不少研究成果，但是如何让这些研究成果成为为农民服务的实实在在的生产力，这需要加大科普宣传力度，争取更多的花椒栽培管理技术的推广示范项目，加大花椒栽培管理技术的推广示范力度，大力提高花椒栽培生产的科学技术含量，加快花椒栽培生产的科学化、标准化。

（三）积极扶持专业合作组织

坚持政府扶持、部门指导、市场运作，积极发展农民专业合作组织，并根据国家规定享受免征、减征企业所得税、增殖税等税收优惠。支持农民专业合作组织开展技术推广、科技培训、产品质量标准与认证、基地建设和市场营销等经营服务活动，参与实施有关的建设项目。农民专业合作组织在政府的指导下，制定严格的行业准则和规章制度，按照自我管理、自我完善、自我发展的原则，多形式、多渠道培养自己的营销队伍，引导种植农户提高采收、销售等环节的商品意识，加大宣传力度，宣传农户不要采收过程中抢采掠青、提前采收，禁止以次充好等导致果品质量降低现象，及销售过程中使杂掺假、影响花椒产品品质、损害客商利益等破坏市场规律的行为发生，增强产品信誉度。

（四）积极推广花椒烘干机，提高花椒产品质量

为什么要提花椒烘干机的事情？因为花椒采收以后的晾晒或烘干问题始终在困扰着花椒生产农户。花椒采收后一般要在当天晒干，采收当天晒干的花椒色相好，果壳开口好、品质好、价格高。如果遇到阴雨天，采收后的花椒无法晒干，农户只有把采收后的花椒放在房屋内，等待晴天晒干。如果连阴或下雨数天，采收的花椒色泽变差，甚至会发霉变质。比如 2017 年花椒采收季节，阴雨天气持续不断，在阴天大量采收的花椒无法及时晒干而造成花椒果品色泽变暗，果皮开口不良，甚至很多花椒霉烂变质。种植花椒的人都知道，晾晒花椒也挺费事，要专人多次翻晒，用棍子拍打去除种子之后才能装袋。所以，为了解决花椒晾晒烘干问题，种植花椒的农户也想了好多办法。有的农户把采收后的花椒放在土炕上往干里蒸，有些农户自己制作了烘干土炉子，也有自己制作的电烘箱，也有从市场上购买的花椒专用烘干机。可以说，在花椒烘干的事情上，老百姓想了很多办法。目前市场上有多种烘干机，也有农民自制的土法烘干箱，但是烘干后的花椒品质普遍低于阳光晒干的花椒品质。花椒烘干机每次烘干量为 150kg～250kg，价格为 3000 元到 4000 元，烘干时间为 24h，也就是每天傍晚把农户一整天采收的新鲜花椒，装入烘干机，插上电，到第二天傍晚取出烘干好的花椒，再把当天新采收的花椒倒入烘干机中继续加热烘干。这样循环进行，可以有效解决花椒在阴雨天的晾晒问题。据他们介绍，这种烘干机的烘干工作机理比较科学，烘干后的花椒品质不亚于太阳下晒干的花椒。所以，临夏林业技术推广站建议各级政府部门把花椒烘干机纳入农机补贴范围，让

种植花椒的农户都能拥有一台高质量的花椒烘干机，以解决花椒采收后的晾晒问题，特别是要解决农户在阴雨天花椒采收后的烘干难题。

四、针对存在问题、在科研方面提出需要研究的方向和研究项目

（一）花椒嫁接繁育技术研究

这个研究课题主要解决抗花椒流胶病嫁接砧木的筛选，通过引进外地抗花椒流胶病的嫁接砧木，和抗花椒流胶病的花椒品种一起开展筛选试验，从中选择具有抗花椒流胶病的八月椒优良嫁接砧木。在筛选出的抗花椒流胶病的砧木上进行临夏刺椒、绵椒的嫁接技术研究。通过这些研究，繁育出适应于临夏地区的刺椒、绵椒抗花椒流胶病的优良苗木，为临夏州花椒产业的健康、可持续发展提供重要的科技成果。

（二）花椒整形修剪技术试验示范

花椒树的整形修剪要从幼苗开始，每年都要进行整形修剪，直到盛产期丰产树形的形成。临夏地区栽培的花椒树很少在幼树期进行拉枝、修剪。人们的习惯是幼树放任生长，对结果大树进行修剪，其实，等到花椒树长高了再去修剪，已经迟了。树冠的整形修剪必须从栽植的幼苗开始。所以花椒整形修剪技术的课题研究对临夏花椒生产具有非常重要的现实意义。

（三）花椒丰产示范园建设

临夏花椒栽培面积有几十万亩，但是要找到栽培密度合理、整形修剪科学、病虫害防治彻底的花椒高产丰产林地非常困难。在这次调研中，发现永靖县三塬镇下塬村有一片花椒林地管理的

相对比较好，林地内病、虫、草害管理的比较好，树势长的比较旺盛，但是，花椒栽培密度还是比较大，修剪技术还是不到位。所以，通过项目实施，建设花椒标准化丰产示范园，通过示范园的建设，加大科普宣传和科技培训，推广花椒科学栽培技术，对临夏花椒生产的健康持续具有重要的示范意义和促进作用。

（四）花椒引种试验示范

通过引种项目，引进陇南大红袍等优良品种，以丰富临夏地区花椒栽培品种资源。优化临夏花椒栽培品种，提高临夏花椒的品质。

（五）花椒虫害防治技术试验示范

积极调动州县一级技术力量，全面调查临夏州花椒产区病虫害发生情况，利用森防站、植保站等专业技术单位，进行全州花椒病害的动态监测，形成花椒病虫害监测体系，及时提供病花椒虫害发生情况，为各级业务部门及农民及时防治花椒病虫害提供科学合理的技术保障。积极组织科研单位及业务技术单位开展花椒病虫害防治技术的试验研究，对科研成果积极示范推广，以促进临夏州花椒生产的健康可持续发展。

通过这次调研，临夏林业技术推广站只是提出了以上几个方面的研究课题及亟需示范推广的栽培技术，各位技术人员和专家可能还有其他更加科学、合理、可行的在花椒生产实际中需要研究的问题和见解，希望能和大家一起讨论交流，共同致力于临夏花椒产业的健康、持续、全面发展。

附录 3

无公害农药

　　所谓无公害农药就是指用药量少，防治效果好，对人畜及各种有益生物毒性小或无毒，要求在外界环境中易于分解，不造成对环境及农产品污染的高效、低毒、低残留农药。具体地说，就是在施用农药防治病虫害时，只能使用无公害农药，每亩用药量必须从实际出发，通过试验，确定经济有效的使用浓度和药量，不宜过高过低，一般要求杀虫效果 90%以上，防病效果 80%以上称为高效农药；使用（Id50）致死中量值超过 500ml/kg 体重的低毒农药；采收的商品蔬菜要注意农药安全间隔期，使其农药残留量务必低于国家规定的允许标准。

　　下面介绍无公害农药的五种类型及使用方法：

一、微生物农药

（一）农抗 120

　　它是放线菌的代谢产物，为微生物杀菌剂。4%果树专用型 600~800 倍液喷雾可防治苹果树白粉病、苹果和梨树锈病、炭疽病。用 200 倍液涂抹病疤可治局部腐烂病。农抗 120 中含有 10 多种氨基酸，施用后还能起到壮树抗病的作用。

（二）多抗霉素

用 10%可湿性粉剂 1000 倍液喷雾防治苹果斑点叶病；于苹果树显蕾期至落花后 10d 喷雾，连喷 3 次，可防治苹果霉心病。

（三）抗生素 S-921

刮除病疤后涂抹 20~30 倍液，防治苹果树腐烂病。

（四）抗菌剂 402

刮除病疤后涂抹 80%乳油 40~50 倍液治疗苹果轮纹病。

（五）白僵菌

用粗菌剂 2kg（或高孢粉 0.2g）加 25%对硫磷微胶囊 0.15kg，兑水 150kg 喷洒树盘后覆草，消灭桃小食心虫出土幼虫。

（六）B.t.（苏云金杆菌）

细菌性杀虫剂。用 B.t.乳剂的 500 倍液树上喷雾，可防治食叶毛虫、食心虫的幼虫，加上 0.1%洗衣粉以增加药液的效果。

（七）阿维菌素（齐螨素、虫螨光、爱诺虫清、农家乐、除虫菌素等）

微生物发酵产生的抗生素。可防治梨木虱、食心虫类、叶甲、红蜘蛛等多种害虫。多为 1.8%的剂型。一般稀释为 4000~5000 倍液喷施。

二、植物源农药

（一）烟草

用烟草茎或叶、叶柄 0.5kg，加水 2.5kg，浸泡 2d 后煮沸 1h。过滤后在滤液中加入石灰 0.5kg 或洗衣粉 0.2kg 拌匀后喷雾。防治蚜虫、蓟马、蟒象等。

（二）绿保威（蔬果净）

用 0.5%乳油 1000~2000 倍液喷雾，防治食叶毛虫。

（三）苦皮藤

用抽提液防治食叶毛虫效果好。

（四）辣椒水

50g 辣椒面加入 1kg 水中，煮 10min 后冷却过滤，喷雾防治蚜虫。

（五）草木灰

1 份草木灰在 5 份水中浸泡 24h，过滤后喷雾防治蚜虫

（六）蓖麻

将蓖麻叶捣碎，榨出原汁后去渣，再加入 1 倍的水进行喷雾，可杀死蚜虫。

（七）臭椿

其根、茎、叶、种子均含有苦木素，其种子榨油后的麸饼，散播在果园中可杀死蝼蛄、蛴螬、金针虫等果树地下害虫。也可用叶和适量果实，加 2 倍水浸泡 2d 后，用其浸出液喷雾，可杀死果树上的各种软体害虫。

（八）马齿苋

用马齿苋 0.5kg，加水 1kg，煮开 30min 后过滤，在滤液中加入樟脑 0.15kg，搅拌溶化成原汁。每 0.5kg 原汁加水 2.5kg 喷雾，可杀死果树上的软体害虫。

（九）大葱、洋葱、大蒜

三者各 30g，捣成细泥状，加水 10kg 搅拌，一昼夜后加水 15~20kg，取其滤液喷施，可有效地防治蚜虫、红蜘蛛等害虫。防治甲壳虫也有效果，连续使用两次可以防治蜗牛。

（十）番茄叶、苦瓜叶、黄瓜茎

将三者混合捣烂，加清水 2~3 倍浸 5~6h，取上层清液喷施，可有效防治菜青虫、三星叶甲、蚜虫、地老虎、红蜘蛛等。

（十一）西红柿叶

用西红柿叶加少量水捣烂，去渣取液，以 3 份原汁与 2 份水混合均匀，再加少量肥后喷施，防治红蜘蛛有奇效。

（十二）大蒜

取大蒜 1kg，加水适量捣烂成泥，每千克原液加水 5kg 喷雾，可防治蚜虫、红铃虫、象鼻虫、菜青虫。

（十三）除虫菊素

属植物杀虫剂。由多年生草本植物除虫菊的花，经加工制成的植物源杀虫剂。防治蚜虫、叶蝉、叶甲、椿象等多种害虫，杀虫广谱。一般稀释为 2500~3000 倍液喷施（化学合成的称拟除虫菊酯，如溴氰菊酯、氰戊菊酯、百树菊酯等）。

（十四）烟碱

植物源杀虫剂，其有效杀虫成分为烟草中提取的烟碱。剂型为 2%水乳剂。还有烟碱与阿维菌素、菊酯类复配的剂型，一般稀释为 2500~3000 倍液。

（十五）苦参碱（杀确爽）

它是从中药材植物苦参中萃取有效成分苦参碱而制成的植物源杀虫剂，杀虫广谱。剂型有 0.1%粉剂和 0.04%水剂等。一般用 0.04%水剂 400 倍液防治多种林业害虫。

（十六）高渗苯氧威

它是一种保幼激素活性杀虫剂，作用机制独特，具有低毒、高效、广谱、不易产生抗性、对环境污染小等优点。多用浓度为 3000 倍液。

三、动物源与特异性农药

（一）灭幼脲 3 号

它用 25%胶悬剂 2000~3000 倍液喷雾，防治食叶毛虫；1000~2000 倍液于成虫产卵前喷雾（叶背喷到）防治金纹细蛾；用 800 倍液喷雾防治食心虫。

（二）蛾螨灵

它是灭幼脲 3 号和 15%扫螨净的复配剂。除灭幼脲 3 号的防治对象外，还可防治红蜘蛛。

（三）定虫隆（抑太保）

用 5%乳油 1000~2000 倍液喷雾，防治食心虫。

（四）噻嗪酮（优乐得、灭幼酮）

用 25%可湿性粉剂 1500~2000 倍液喷雾，15d 后再喷 1 次，防治介壳虫、叶蝉和飞虱。

（五）卡死克

防治苹果树红蜘蛛，可在开花前用 5%乳油 1000~1500 倍液喷雾，夏季用 500~1000 倍液喷雾。也常用于卷叶蛾、食心虫的防治。

（六）抗蚜威

用 50%可湿性粉剂 2000~3000 倍液喷雾防治蚜虫。

（七）灭蚜松

用 50%可湿性粉剂 1000~1500 倍液喷雾防治蚜虫、螨类、蓟马等。

四、无机或矿物性农药

（一）石硫合剂

它是一种具杀菌、杀虫和杀螨作用的古老药剂，具有兼治多种病虫害又不产生抗药性的优点。果树休眠期喷 3~5 波美度，生长季节喷 0.1~0.5 波美度。

（二）硫悬浮剂

发芽前喷布 50%悬浮剂 150~200 倍液可防治白粉病，兼治螨类。

（三）波尔多液

可防治果树、蔬菜等多种作物上的病害。对很多害虫也有驱避作用。一般在苹果树和梨树的生长后期叶面喷用，可以起到很好的保叶作用。

（四）索利巴尔

为 70%多硫化钡可溶性粉剂，具石硫合剂的功能。用 100~200 倍液喷雾防治果树的一般病害。使用时注意一定要两次稀释，即先用 5 倍水稀释，搅拌 1h 后再稀释到 100~200 倍液。

（五）绿乳铜

为乳油铜制剂，广谱性防病药剂，具有波尔多液的功能。

（六）柴油乳剂

用柴油、中性皂和水按 10:1:10 熬成，果树休眠期喷洒 10 倍液杀伤越冬的介壳虫等。

附录 4

石硫合剂的熬制与使用

石硫合剂是由生石灰、硫黄加水熬制而成的一种用于农业上的农药。在众多的农药中，石硫合剂以其取材方便、价格低廉、效果好、对多种病菌具有抑杀作用等优点，被广大果农所普遍使用。但由于石硫合剂的熬制环节较多，造成果农们熬制的母液过低，同时许多人仅凭经验兑水稀释后就进行喷洒，使其达不到预期的防治效果。

一、药理机制

石硫合剂（lime sulphur）药理机制：能通过渗透和侵蚀病菌和害虫体襞来杀死病虫害及虫卵，是一种既能杀菌又能杀虫、杀螨的无机硫制剂，可防治白粉病、锈病、褐斑病、黑星病及红蜘蛛、蚧壳虫等多种病虫害。以防治病害为主，对人、畜毒性中等。

二、性能

（一）药效高

石硫合剂结晶是在液体石硫合剂的基础上经化学加工而成的固体新剂型，其纯度高、杂质少，药效是传统熬制石硫合剂的 2 倍以上。其药效可持续 15d 左右，7~10d 达最佳药效。

（二）低残留

产品分解后，有效成分起杀菌杀螨作用，残留部分为钙、硫等元素的化合物，均可被植物的果、叶吸收，它是植物生长所必需的中量元素。

（三）无抗药性

石硫合剂已有一百多年的使用历史，无抗药性，它是一种廉价广谱杀菌、杀螨、杀虫剂。

三、熬制方法

石硫合剂是由生石灰、硫黄加水熬制而成的，三者最佳的比例是 1:2:7。熬制时，必须用瓦锅或生铁锅，使用铜锅或铝锅则会影响药效。熬制的具体方法是：首先按锅的大小称量好优质生石灰和硫黄粉，然后生火烧水，待水烧至要沸腾时，用锅内水将称量的硫黄粉调制成糊状，将硫黄糊自锅边慢慢倒入，并不断进行搅拌，转为小火保持沸腾，直至全部放入锅内（需时约 20min），随后慢慢加入小块生石灰沸腾，不停地进行搅拌（需时约 40min）。当锅中溶液呈深红粽色或红褐色时可停止燃烧。进行冷却过滤或沉淀后，清液(老抽王酱油色）即为石硫合剂母液。

四、配制方法

（一）使用浓度的确定

要根据植物种类、病虫害对象、气候条件、使用时期不同而定，浓度过大或温度过高易产生药害。树木、花卉休眠期（早春或冬季)喷施一般掌握在 3~5 波美度,生长季节使用浓度为 0.1~0.5 波美度。

（二）计算加水量

使用前必须用波美比重计测量好原液度数，根据所需浓度，计算出加水量加水稀释。稀释原液的加水量计算公式：加水量（kg)=（原液浓度/目的浓度-1)×原液重量（kg）。石硫合剂配置举例：有 2kg 的 27 波美度原液，要稀释成 3 波美度的药液，加水量为（27/3-1)×2kg=16kg。

五、使用方法

石硫合剂主要作为果园的清园剂使用，以铲除在果树树体上越冬存活的害虫及病菌；有时也在果树、花卉及其作物的生长期喷施，用于防治生长期病害及害虫。由于石硫合剂的药效及发生药害的可能性与温度呈正相关，因此生长期用药既要降低药量，又要注意避免高温施药。

（一）喷雾法

冬季和早春发芽前喷施一次 3~5 波美度石硫合剂，可有效防治树木花卉锈病、白粉病、花腐病和细菌性穿孔病，杀死越冬的介壳虫、成螨、若螨与螨卵。芽后用 0.1~0.5 波美度石硫合剂喷雾。

（二）涂干法

在休眠期树木修剪后，使用石硫合剂原液涂刷紫薇。变成老抽色石榴树干和主枝，基本上消灭了紫薇绒蚧的危害。

（三）伤口处理

石硫合剂原液消毒刮治的伤口，可减少有害病菌的侵染，防止腐烂病、溃疡病的发生。

（四）涂白剂

用石硫合剂 0.5kg、生石灰 5kg、食盐 0.5kg、动物油 0.5kg、水 40kg 配制树木涂白剂。在休眠期涂刷树干，可防治杨、柳树腐烂病、溃疡病。在天牛产卵期涂刷国槐树干，能有效阻碍天牛在树干上产卵。

（五）根施法

以树干为中心，挖 3~5 条宽 30cm、深 30cm 的沟，长度应达到树冠外围，然后将 1 波美度的石硫合剂倒入沟内覆土，可有效防治根腐病。施用时间以早春为宜。

六、注意事项

（一）随配随用

配置石硫合剂的水温应低于 30℃，热水会降低效力。气温高于 38℃或低于 4℃均不能使用。气温高，药效好。气温达到 32℃以上时慎用，稀释倍数应加大至 1000 倍以上。安全使用间隔期为 7d。一般喷洒波尔多液后间隔 15~30d 再喷洒石硫合剂，或喷洒石硫合剂后，间隔 15~30d 喷洒波尔多液。

（二）忌随意混用

不可与波尔多液、铜制剂、机械乳油剂、松脂合剂及在碱性条件下易分解的农药混用。与波尔多液前后间隔使用时，必须有充足的间隔期，先喷石硫合剂的，间隔 10~15d 后才能喷波尔多液；先喷波尔多液的，则要间隔 20d 后才可喷石硫合剂。

（三）忌盲目施用

对石硫合剂敏感的作物，容易引起药害，应先试验或遵当地农业技术部门指导使用。掌握好使用时机。树木休眠期和早春萌芽前，是使用石硫合剂的最佳时期。在发生红蜘蛛的苹果园中，当叶片受害已很严重时，不宜再喷石硫合剂，以免引起叶片加速干枯、脱落。桃、李、梅花、梨等蔷薇科植物和紫荆、合欢等豆科植物对石硫合剂敏感，在生长季、开花时应慎用。

（四）忌长期保存

熬制的石硫合剂原液最好一次用完，不宜长期保存。如需保存，应选用塑料桶、陶罐、瓦罐等小口容器密封保存，不宜使用铜、铝器皿盛放；若在液面滴少许机油或食用油，使之与空气隔绝，可适当延长保存期，但仍不能长久保存。

（五）确定使用浓度

冬季气温低，植株处于休眠状态，使用浓度可高些；夏季气温高，植株处于旺盛生长时期，使用浓度宜低。浓度过大或温度过高易产生药害。树木、花卉休眠期（早春或冬季）喷施浓度高，生长季节喷施浓度低。一般情况下，石硫合剂的使用浓度，在落叶果树休眠期为3~5波美度；在旺盛生长期以0.1~0.2波美度石硫合剂为宜。

（六）做好施药防护

施药时应穿戴保护性衣服，喷药后应清洗全身。清洗喷雾器时，勿让废水污染水源。药液溅到皮肤上，可用大量清水冲洗，以防皮肤灼伤。施用石硫合剂后的喷雾器，必须充分洗涤，以免腐蚀损坏。

七、使用范围

石硫合剂主要应用于苹果、梨、桃、葡萄、枣、花椒等果树，也可用于花卉、苜蓿、豆类、麦类等，主要用于防治叶螨类、锈螨类、介壳虫等害虫，以及白粉病、流胶病、树脂病等病害。石硫合剂保质期：三年。

附录5

农药的安全使用及保管注意事项

一、安全使用注意事项

（一）喷药应在无风的晴天进行，阴雨天或高温炎热的中午不宜喷药；有微风的情况下，站在顺风上头，顺风喷洒；风力超过四级停止喷洒。

（二）李、桃等核果类植物不能使用波尔多液，应当特别注意。

（三）波尔多液、石硫合剂、代森锰锌之间不能连用。应当保持一定间隔时间。

（四）喷药或配药时，不能谈笑打闹、吃食物、抽烟等，如中途休息或工作完毕必须用肥皂或碱水洗净手脸。工作服要经常洗涤干净。

（五）喷药过程如稍感不适或头痛目眩时，应立即离开现场，安静休息，如症状严重应立即送医院治疗，且不可延误。

二、保管农药应注意事项

（一）药剂应设立专库贮存，专人负责。每种药剂贴上明显标签，并以药剂性能分门别类存放，均注明品名、规格、数量、出厂年限、入库时间，建立账本，做到心中有数。

（二）健全领发制度，领用药剂的品种、数量，应经主管人员批准，药库凭证发放。

（三）药剂一经领出，作业班应指定专人保管、配制，严防丢失。作业完毕，当天将剩余药剂全部退回药库，严禁库外存留。

（四）药剂必须存放在阴凉通风、干燥处，严格与食物、水源隔离。油剂、乳剂还必须防冻。

附录 6

花椒病害调查表

附表 A
（资料性附录）
花椒病害发生情况调查表

调查地点	林分概况	面积（亩）	危害部位	危害程度			备注
				轻 (+)	中 (++)	重 (+++)	

调查人：　　　　　　　　　　　　　　　　　　　　　　调查日期：

附表 B
（资料性附录）
花椒病害发生情况汇总表

汇总单位：　　　　　　　　　　　　　　　　　　　　　　　　单位：万亩、块

地点	树种	面积	调查代表面积	标准地块数	发生面积				备注
					合计	轻（+）	中（++）	重（+++）	
合计									

汇总人：　　　　　　　　　　　　　　　　　　　　　汇总时间：

附表 C
（资料性附录）
花椒病害标准地概况表

调查单位：

标准地号							
地点							
树种							
树高（m）							
胸径（cm）							
树龄（年）							
郁闭度							
海拔（m）							
经纬度							
总株数							
被害株数							
被害株率(%)							
林种							
坡度							
坡向							
调查时间							
备注							

调查人：   调查时间：

附表 D
（资料性附录）
花椒病害调查表

地点：　　　　　　标准地号：　　　　　代表面积（亩）：　　　　　林种：

树高（m）：　　　胸径（cm）：　　　　海拔（m）：　　　　　坡度：

坡向：　　　　　　发病率（%）：　　　树种：　　　　　　　树龄（年）：

		样株号													
方位病级数	东	I													
		II													
		III													
		IV													
		V													
		病情指数													
	南	I													
		II													
		III													
		IV													
		V													
		病情指数													
	西	I													
		II													
		III													
		IV													
		V													
		病情指数													
	北	I													
		II													
		III													
		IV													
		V													
		病情指数													
	中	I													
		II													
		III													
		IV													
		V													
		病情指数													

调查人：　　　　　　　　　　　　　　调查日期：　　　年　　月　　日

附表 E

（资料性附录）

花椒病害防治效果统计表

试验地	使用药剂	用药量（kg/亩）	防治方法	防治株数（株）	防治前病情					防治后病情					防治率（%）
					I	II	III	IV	V	I	II	III	IV	V	

调查人：　　　　　　　　　　　　　　调查日期：　　　　年　　月　　日

参考资料

[1]琚建良,王顺平,李虹.花椒主要病虫害综合防治技术[J].农业科学技术通讯 1996（9）：28.

[2]刘德宝.农业技术实用手册[M].北京：中国农业科技出版社，1997.

[3]王瑞.花椒害虫[M].太原：山西科学技术出版社，1999.

[4]韦锁屯,王震,郭刘斌,等.北方旱地蔬菜栽培技术[M].太原：山西经济出版社，1995.

[5]魏安智,杨途熙,周雷.花椒安全生产技术指南[M].北京：中国农业出版社，2012.

[6]徐冠军.植物病虫害防治学[M].北京：中央广播电视大学出版社，1999.

[7]杨云汉,琚建良,赵雪斌,等.花椒桔啮跳甲的危害与防治[J].农业科技通讯 1994（11）：30-31.

[8]杨云汉.花椒树的秋季管理[J].山西农业 1997（9）：15.

[9]姚忙珍.花椒高效栽培管理技术[M].咸阳：西北农林科技大学出版社，2016.

[10]阴子龙,琚建良,赵雪斌.花椒高产栽培技术[M].北京：人民出版社，1998.

[11]李玉,郝永利.庄稼医生实用手册[M].北京：中国农业出版社，1992.

[12]邱强.原色苹果病虫图谱[M].北京：中国科学技术出版社，1993.

[13]马力农，赵岷阳.高寒区林果病虫害防治手册[M].兰州：兰州大学出版社，1995.

[14]王文学，刘光生，等.果树八十种病害识别与防治[M].北京：中国农业出版社，1992.

[15]吕佩珂，庞震，刘文珍，等.中国果树病虫原色图谱[M].北京：华夏出版社，1993.